実践

データ分析の教科書

現場で即戦力になる
データサイエンスの勘所

株式会社日立製作所 Lumada Data Science Lab. 監修

リックテレコム

サンプルプログラムの入手先とサポートサイトについて

本書に掲載しているサンプルプログラムは、次のサイトからダウンロードして利用できます。

http://www.ric.co.jp/book/

上記サイトの左欄「総合案内」→「データダウンロード」をたどって、該当する本書のzipファイルをダウンロードしてください。なお、ダウンロードには、IDとパスワードを入力する必要があります。IDとパスワードは次のとおりになります。

ID：ric3001
パスワード：dstext3001

本書の内容の補足(P188で触れている動作環境の構築手順等)やアップデート情報につきましては、下記のサイトを参照ください。

http://www.ric.co.jp/book/contents/pdfs/3001_support.pdf

注　意

1. 本書は、著者が独自に調査した結果を出版したものです。
2. 本書は万全を期して作成しましたが、万一ご不審な点や誤り、記載漏れ等お気づきの点がありましたら、出版元まで書面にてご連絡ください。
3. 本書の記載内容を運用した結果およびその影響については、上記にかかわらず本書の著者、発行人、発行所、その他関係者のいずれも一切の責任を負いませんので、あらかじめご了承ください。
4. 本書の内容は、2021年6月の執筆時点のものです。本書で紹介したソフトウェアの内容やURL等に関しては、将来予告なしに変更される場合があります。
5. 本書に掲載されているサンプルプログラムや画面イメージ等は、特定の環境と環境設定において再現される一例です。

商標等の扱いについて

1. Python は Python Software Foundation の登録商標です。
2. 上記のほか、本書に記載されている 品名、サービス名、会社名、団体名、およびそれらのロゴマークは、一般に各社または各団体の商標、登録商標または商品名である場合があります。
3. 本文中の OSS の名称及びライブラリは、それぞれの開発団体により公表されているものです。
4. 本書では原則として、本文中において ™ マーク、© マーク等の表示を省略させていただきました。
5. 本書の本文中では日本法人の会社名を表示するのに、原則として「株式会社」等を省略した略称をしています。また、海外法人の会社名を表示するのには、原則として「Inc.」「Co.,Ltd.」等を省略した略称を記載しています。

はじめに

日立グループは創業以来、社会課題を解決する社会イノベーション事業に注力することで、人々のQuality of Lifeの向上に貢献してきました。その中で1960年代からデータサイエンスやAIの研究開発に取り組んできており、ビッグデータおよびAIの時代に合わせて、2012年に事業部の中でデータサイエンスチームを正式に発足しました。また2018年には、日立グループ全体でデータサイエンティストを2021年までに3,000名に増やすことを宣言し、そして2020年には、日立グループ内のトップデータサイエンティスト約100名を集結した**Lumada**（ルマーダ）**Data Science Lab.**（データ サイエンス ラボ）（以下、LDSL）を立ち上げました。

私たち、LDSLのデータサイエンティストチームは、日立グループ内および幅広い業種のお客さまと毎年多くのデータサイエンスプロジェクトを経験してきました。その活動を通じてさまざまな学びがあり、データサイエンスプロジェクトを成功させるための（失敗しないための）ノウハウを蓄積してきました。

本書では、LDSLが持つデータサイエンスのノウハウの一端をご紹介します。

本書の対象読者としては、次の方々を主に想定しております。

- 企業の中でデジタル組織やIT部門におけるデータサイエンスチームに所属しているデータサイエンティスト。特に、経験がなくこれから学ぼうとしている担当者。
- 将来の職業としてデータサイエンティストを希望し、データサイエンスを学習しながらそのスキルを生かせる企業への就職を考えている大学生・大学院生。

ただし、LDSLはベンダー側のデータサイエンティストチームであり、日立グループの幅広いお客さまと協創しながら進めることが多いため、本書の記載はユーザー企業側のデータサイエンティストチームに求められる側面とは異なる場合があります。幅広い業種・業務にデータサイエンスを適用するための実践ノウハウとして読んで頂ければと考えます。

本書は、次のような構成になっており、この流れで解説を進めます。

1章 データサイエンスの現場

企業におけるデータサイエンティストの現場において、普段何をしているのかをご紹介します。データサイエンティストに求められるスキルを1人で全て持っている人は少ないため、異なるタイプのデータサイエンティストを組み合わせて適切なチーミングをすることが、成功には不可欠です。データサイエンティストはコンサルスキルが高い人、分析スキルが高い人など、いくつかのタイプに分かれるので、タイプ別にご紹介します。

■ 2章 データサイエンティストになるには

これからデータサイエンティストになろうと考えている人が何を学んでいけば良いのかについてご紹介します。統計や数学、さらには分析アルゴリズムについて基礎的な知識を学ぶこと、また代表的な分析ツールを扱えることが必要です。ただしそれは基本的なスキルにすぎず、データサイエンスプロジェクトの実践を通じて学ぶことが多いです。この章では実践における学習の際の心構えについてもご紹介します。

■ 3章 データサイエンスプロジェクトの進め方

データサイエンスプロジェクトの基本的な進め方、および各ステップにおいて気をつけるべき各種ポイントをご紹介します。業務課題の把握、分析方針の設計、データの理解・収集、データの加工、データ分析・モデリング、分析結果の考察、業務への適用といった一連の流れに沿ってご説明します。

■ 4章 分野別に学ぶデータサイエンス

3章におけるデータ分析プロジェクトの進め方を基本としながら、予兆検知や画像解析、テキスト解析、数理最適化など代表的な分野ごとに、どう進めれば良いか、そのポイントについてご紹介します。Python による簡易なサンプルプログラムも交えて、すぐに実践できる形でご紹介します。

■ 5章 データサイエンスの現場適用とは

分析結果を業務で継続的に使ってもらうための「MLOps」という考え方についてご紹介します。MLOps の代表的なツールである MLFlow の使い方を交えて、すぐに実践できる形でご紹介します。

■ 6章 データサイエンティストの未来

現在、データ分析を自動化するための「AutoML」と呼ばれる分析自動化ツールが進化、発展しています。そして、企業や大学ではデータサイエンティストの育成が盛んに行われています。その中で、今後データサイエンティストとして活躍するために重要なポイントについて、未来への予測と期待を含めて解説し、本書を締めくくりたいと思います。

本書を通じて、データサイエンスプロジェクトの成功例が増え企業のデジタルトランスフォーメーションが進展すること、またデータサイエンティストをめざす学生の方々が増え、データサイエンス界がさらに盛り上がることを心から期待しております。

2021年6月
執筆者代表　吉田 順

目次

はじめに …… iii

第1章 データサイエンスの現場 …… 1

1.1 ビジネスの現場で活躍するデータサイエンティストとは？ …… 2
1.2 十人十色のデータサイエンティスト …… 3
1.2.1 3つのスキル …… 3
1.2.2 タイプ別の特徴 …… 6
1.3 データサイエンティストの一日 …… 16
1.4 データサイエンスプロジェクトを成功させるには？ …… 19
1.4.1 一般的なチーム体制例 …… 19
1.4.2 少人数なチーム体制例 …… 20

第2章 データサイエンティストになるには …… 21

2.1 高度な統計、数学知識が必要？ …… 22
2.2 データサイエンティストが扱う代表的なツール …… 22
2.3 データサイエンティストとしての心構え …… 27

第3章 データサイエンスプロジェクトの進め方 ～失敗しないためには～ 29

3.1 データサイエンスプロジェクトの流れ……30

3.2 ①業務課題の把握（プロジェクト起案）……32

3.2.1 (a) 対象業務の設定……32

3.2.2 (b) 業務課題の設定……33

3.2.3 (c) ゴールおよびスコープの設定……34

3.2.4 (d) 作業内容・スケジュール・体制の検討……34

3.2.5 (e) 予算の確保……36

3.3 ②分析方針の設計……39

3.3.1 (a) データ集計・可視化を中心に進めるパターン……39

3.3.2 (b) 機械学習を用いて進めるパターン……40

3.4 ③データの理解・収集……43

3.5 ④データの加工……45

3.6 ⑤データ分析・モデリング……49

3.6.1 (a) 分析モデルの作成……49

3.6.2 (b) 分析モデルのチューニング……50

3.7 ⑥分析結果の考察……52

3.7.1 (a) 分析モデルの精度評価……53

3.7.2 (b) 分析結果の考察・説明……57

3.8 ⑦業務への適用……59

第4章 分野別に学ぶデータサイエンス 61

4.1 はじめに …… 62

4.2 数値解析（予測） …… 65

4.2.1 目的変数の例 …… 65

4.2.2 データの加工 …… 67

4.2.3 データ分析・モデリング、および分析モデルの精度評価 …… 68

4.3 数値解析（予兆検知） …… 73

4.3.1 目的変数の例 …… 74

4.3.2 分析方針の設計 …… 74

4.3.3 データの加工 …… 76

4.3.4 データ分析・モデリング、および分析モデルの精度評価 …… 80

4.4 数値解析（要因解析） …… 87

4.4.1 業務課題の把握 …… 87

4.4.2 分析方針の設計 …… 87

4.4.3 データの理解・収集 …… 89

4.4.4 bnlearn のインストール …… 91

4.4.5 データの加工 …… 91

4.4.6 データ分析・モデリング …… 92

4.4.7 分析結果の考察 …… 97

4.5 画像認識（適用技術：Deep Learning） …… 102

4.5.1 はじめに …… 102

4.5.2 画像認識プロジェクトを進める上での課題 …… 103

4.5.3 CNN（Convolutional Neural Network）とは？ …… 104
4.5.4 業務課題の把握（プロジェクト起案）…… 104
4.5.5 分析方針の設計 …… 105
4.5.6 データの理解・収集 …… 107
4.5.7 画像の確認および可視化 …… 111
4.5.8 データ分析・モデリング …… 114
4.5.9 分析結果の考察 …… 118
4.5.10 業務への適用 …… 121

4.6 テキスト解析（文書分類） …… 122

4.6.1 目的変数の例 …… 122
4.6.2 分析方針の設計 …… 123
4.6.3 データの加工 …… 123
4.6.4 データ分析・モデリング、および分析モデルの精度評価 …… 129
4.6.5 業務への適用 …… 142

4.7 数理最適化（生産計画最適化） …… 143

4.7.1 プロジェクト起案（事例の概要） …… 143
4.7.2 業務課題の把握 …… 144
4.7.3 分析方針の決定 …… 145
4.7.4 データの理解・収集 …… 146
4.7.5 データの加工 …… 146
4.7.6 データ分析・モデリング …… 148
4.7.7 分析結果の考察 …… 156
4.7.8 業務への適用 …… 162

第5章 データサイエンスの現場適用とは 165

5.1 分析結果を現場で活用するには …… 166

5.1.1 分析モデルをどのように利用するか …… 166

5.1.2 分析モデルのサービング方式 …… 167

5.2 分析モデルの寿命？！ …… 171

5.2.1 分析モデルの予測精度はなぜ低下するのか …… 172

5.2.2 予測精度の低下を検知するには …… 175

5.2.3 予測精度の低下にどう対処するか …… 177

5.3 MLOpsという考え方 …… 177

5.3.1 MLOps の概要 …… 177

5.3.2 MLOps の基本構成 …… 178

5.4 MLOpsを動かしてみよう …… 185

5.4.1 段階的に始めてみる …… 185

5.4.2 サンプル業務システムで始める MLOps …… 187

5.4.3 動作環境 …… 188

5.4.4 Step1：分析モデルの学習の自動化 …… 189

5.4.5 Step2：分析モデルのデプロイ自動化 …… 208

第6章 データサイエンティストの未来 227

6.1 データサイエンティストが不要になる時代が来る！？ ……228

6.2 データサイエンティストとして今後重要になるポイント ……229

6.3 学び続けることの大切さ・楽しさ ……230

あとがき ……233
参考文献 ……234
索引 ……236
監修者・執筆者プロフィール ……242

COLUMN

コラム一覧

● Know-how（ノウハウ）編

業務部門がデータサイエンスに求めていることを明確にしよう ……36
テーマに対して優先順位を付けよう ……37
世の中にある事例を参考にしよう ……38
個人情報を扱う必要がなければ削除・匿名化してもらおう ……44
分析結果に影響しそうな外部データを説明変数に入れよう ……44
サンプルデータを早めに入手して、データの品質を確認しよう ……46
前処理の作業時間はなるべく短くなるようにスケジュールを設計しよう ……47

正解ラベルは本当に正解かどうか確かめよう……47
異常値や外れ値は安易に除外や補正をしないように気をつけよう……47
一つの手法に拘らずに分析して、業務部門に説明する際に選別しよう……51
分析作業で試行錯誤する場合には、パラメータは全て記録しよう……51
ハイパーパラメータのチューニングはほどほどにしよう……51
モデルを構築する際は、精度だけではなく業務への適用時の処理時間やメンテナンスコストも考慮しよう……52
業務部門の「データサイエンスの理解度」に合わせた報告をしよう……57
データサイエンスの知見がある担当者にはきちんと説明しよう……57
プロジェクトの評価軸は常に認識をすり合わせるようにしよう……58
計算ミスをしてしまった場合には迅速かつ誠実に対応しよう……58

● 一口解説編

ドメイン知識の活用……48
ミスについて……58
データサイエンティストの今後……129
分析コンペは仕事に役立つ？……232

データサイエンスの現場

1.1 ビジネスの現場で活躍するデータサイエンティストとは？

2010年代以降、ビッグデータやAIが一つのトレンドとなり、ビジネスの現場でデータサイエンスに関わる担当者が日々増えています。Deep Learningなど分析手法のバリエーションが増え、Pythonなど分析しやすいプログラミング言語・ツールも進化してきました。

しかし実際に企業の中でデータ分析を始めてみると、データの種類が少ない、データの欠損値が多い、正解ラベルが正しく付与されていない、異常値らしきデータはあるが異常値として扱って良いか分からない、などさまざまなトラブルにぶつかります。またデータ分析をした結果をどう業務に適用して良いか分からない、そもそもデータ分析の目的って何だっけ？となることも多々あります。

データサイエンスに関わる担当者は大学で統計解析を学んだ経験があったり、書籍やインターネットなどさまざまな手段で学習していたりしますが、現実のデータサイエンスプロジェクトでデータ分析を担当してみると、それだけでは対処できない問題も多く出てきます。

データサイエンスは業務への改善・改革に使えて初めて価値があるため、対象業務の課題やニーズを把握している業務部門との連携が不可欠です。対象業務に関するドメイン知識を豊富に持っている業務部門の担当者とコミュニケーションを取ることが成功へのカギになります。またデータサイエンスで活用するデータの特性についても十分に把握する必要があり、データを管理しているIT部門の担当者との連携も必要です。データサイエンスチームの周囲にある各部門と連携しながら、業務の特性、データの特性を理解してプロジェクトを進めていくことになります。

なお本書では、企業内において業務部門、IT部門、データサイエンスチームの3つに分かれ、それぞれが連携して進めるケースを想定しています。データサイエンスチームとは、業務部門、IT部門と連携してデータ分析で企業の経営課題・業務課題の解決に取り組むチームのことを指します。データサイエンスチームは、企業の中のデジタル組織[*1]またはIT部門の一部署に所属しているか、あるいはベンダー側のデータサイエンスチームに依頼する場合を想定しています（**図 1.1**）。

---

*1　企業の中でDX（デジタルトランスフォーメーション）を担う組織のことを指します。

図 1.1　業務部門、IT 部門、データサイエンスチームの関係

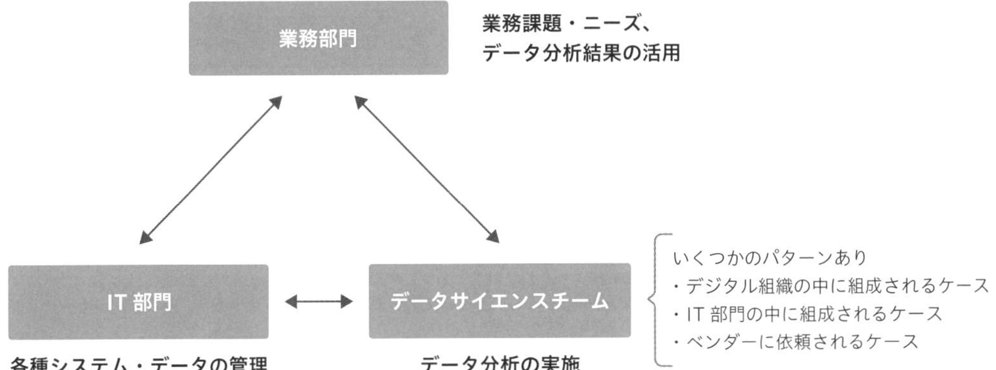

1.2 十人十色のデータサイエンティスト

1.2.1 3 つのスキル

データサイエンティストは分析作業だけができれば良いと言うわけではなく、他にもさまざまなスキルが求められます。データサイエンティストが持つべきスキルとして、一般社団法人データサイエンティスト協会では以下の 3 つを定めています（**図 1.2**）。

- **ビジネス力：**課題背景を理解した上で、ビジネス課題を整理し、解決する力
- **データサイエンス力：**情報処理、人工知能、統計学などの情報科学系の知識を理解し、使う力
- **データエンジニアリング力：**データサイエンスを意味のある形に使えるようにし、実装、運用できるようにする力

図 1.2　3つのスキルの図

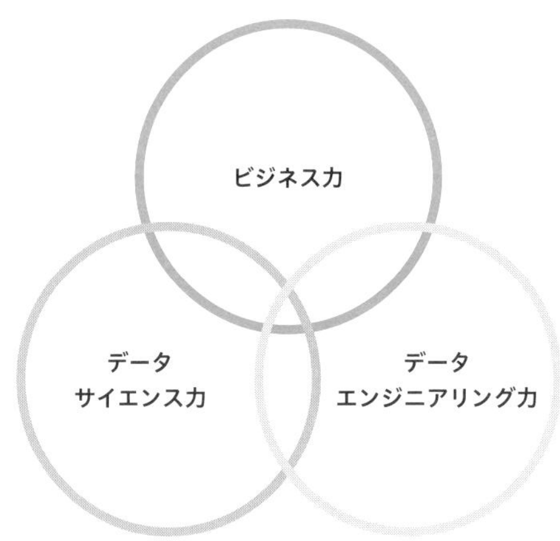

しかし実際には担当者ごとに得意・不得意な分野があるため、プロジェクトの特性に合わせてチームを組んで対応していくことになります。まさに十人十色のスキルを持ったデータサイエンティストの組み合わせが重要になります。

日立グループ内のトップデータサイエンティスト100名以上が集結したLDSL（Lumada Data Science Lab.）メンバーのスキルで考えてみると、3つのスキルはもう少し細かく分解ができるため、実際のデータサイエンスプロジェクトで求められる8つのスキルを定義してみました（**図 1.3**）。

(a) **プロマネ力：**ビジネス力の一つ。案件の推進力、取り纏め力など

(b) **課題発見力：**ビジネス力の一つ。データ分析で解きたい課題を発見・明確化する力

(c) **結果報告力：**ビジネス力の一つ。データ分析の結果を報告相手に合わせて分かりやすく説明する力

(d) **分析設計力：**データサイエンス力の一つ。業務課題を分析手法に落とし込む力。分析アルゴリズムの選択、目的変数の設計、入力データの選定、特徴量の作成など

(e) **分析モデリング力：**データサイエンス力の一つ。機械学習などを使ってモデリングする力

(f) **データ前処理力：**データエンジニアリング力の一つ。大量データへの対応、可視化、欠損値・異常値処理などを行う力

(g) **分析プロト開発力：**データエンジニアリング力の一つ。分析結果や分析モデルをもとに業務部門に対して「動くプロトタイプ」を開発・見せていく力

(h) **分析システム設計・開発力：**データエンジニアリング力の一つ。分析モデルを実業務で活用するための分析システムを設計・開発する力

図 1.3　八角形のレーダーチャート

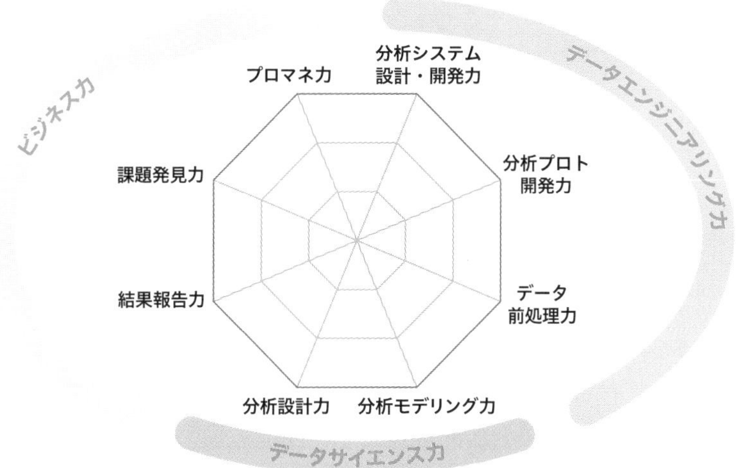

またデータサイエンスチームで活躍しているメンバーは十人十色であり、この 8 つのスキルを用いて、典型的な 10 タイプに分類してみました。

- **ビジネス力が強いタイプ**
  - (1)　プロジェクトマネージャータイプ
  - (2)　デジタルビジネスコンサルタイプ
  - (3)　ドメイン特化型コンサルタイプ
- **データサイエンス力が強いタイプ**
  - (4)　ソリューション特化型分析アーキテクトタイプ
  - (5)　ドメイン特化型分析アーキテクトタイプ
  - (6)　非定型データ分析アーキテクトタイプ
  - (7)　分析作業者タイプ
- **データエンジニアリング力が強いタイプ**
  - (8)　分析プロト開発者タイプ
  - (9)　分析システムアーキテクトタイプ
  - (10) 分析システム開発者タイプ

データサイエンスプロジェクトに関わるチームメンバー全体を総称してデータサイエンティストとしたため、一般的に言われるプロジェクトマネージャーやコンサルタント、システムエンジニアに近いメンバーも含んでおり、少し広義に捉えています。ただしデータサイエンスプロジェクトにおいては、いずれのメンバーにおいてもデータサイエンスの素養が必要であり、適切なチーミングが重要になります。

次にそれぞれのタイプの特徴についてご紹介します。

1.2.2 タイプ別の特徴

(1) プロジェクトマネージャータイプ

データサイエンスプロジェクトの取りまとめとして、プロジェクトの進捗および工程管理を行います。データサイエンスプロジェクトの標準プロセスモデルであるCRISP-DM[*2]を理解した上でプロジェクトのスコープやWBS（Work Breakdown Structure）を定義します。

プロジェクトマネージャータイプはプロマネ力が非常に高く、プロジェクトを推進するのに必要な課題発見力、結果報告力、分析設計力、さらにはシステム化するための分析システム設計・開発力も比較的高い特徴があります。通常はコンサルタイプ、分析アーキテクトタイプなど他のメンバーと連携しながらプロジェクトを進めていくのに長けています（**図1.4**）。

図1.4 プロジェクトマネージャータイプ

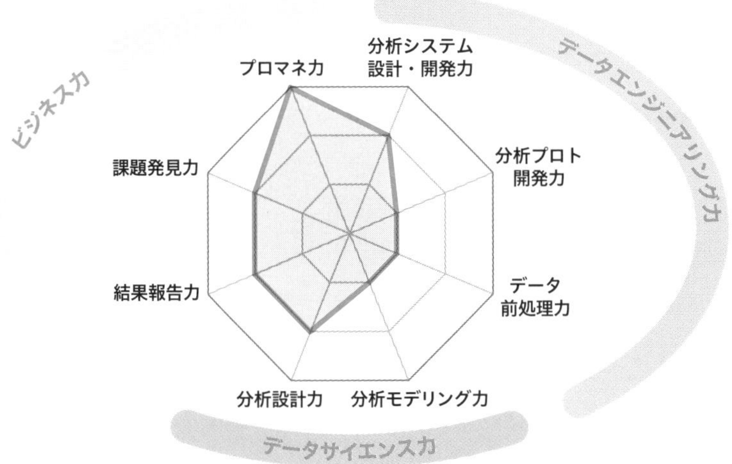

*2　CRoss-Industry Standard Process for Data Miningの略。データマイニング・データサイエンスの共通的な手法を記載した標準プロセスモデルのことを指します。

(2) デジタルビジネスコンサルタイプ

さまざまな業界のデジタル事例やデータ分析事例に関する知識が豊富にあり、業種横断でプロジェクトを提案できます。業務部門の担当者へヒアリングし、業務課題の明確化や課題解決に向けた仮説立案などを行います。データ分析を実行する場合、課題が明確でない場合が多いため、「課題発見」をすることがポイントになります。

またプロジェクトの結果を周囲の関係者や企業の幹部の方々に報告する際には、報告する相手の知識レベル・興味関心に応じて表現を工夫する必要があります。この役割を担うことが多いデジタルビジネスコンサルタイプは、データ分析の結果を業務の言葉に置き換えて分かりやすく報告する、あるいは業務の改善効果を中心に報告することができます。

デジタルビジネスコンサルタイプは課題発見力や結果報告力が非常に高く、データサイエンスを業務に適用するスキルに長けています（**図 1.5**）。

図 1.5　デジタルビジネスコンサルタイプ

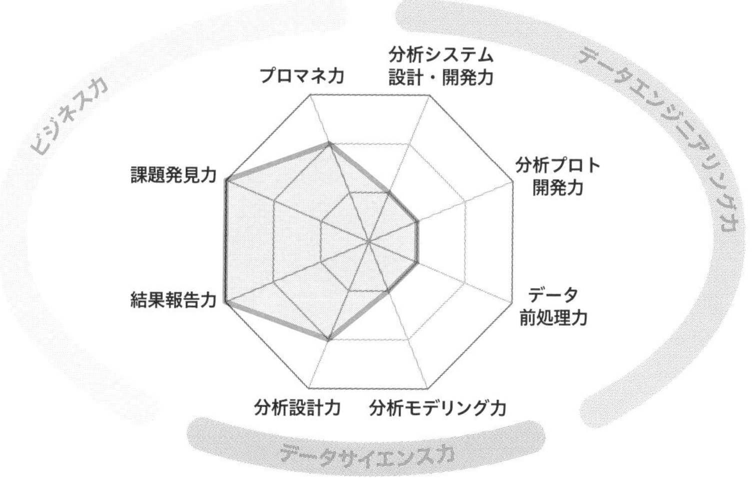

(3) ドメイン特化型コンサルタイプ

デジタルビジネスコンサルタイプと類似していますが、金融業や製造業など特定の業種・業務（ドメイン）に関する知識が豊富にあり、過去の知見から経営・業務課題に直結する仮説を立ててプロジェクトを提案できます。またデータ分析の結果を報告する際、「現場の言葉」で報告できるため、業務部門から見て納得感のある・すぐに活用できる形で説明できます。

ドメイン特化型コンサルタイプはデジタルビジネスコンサルタイプと同様、課題発見力や結果報告力が非常に高く、データサイエンスを業務に適用するスキルに長けています（**図 1.6**）。

図 1.6 ドメイン特化型コンサルタイプ

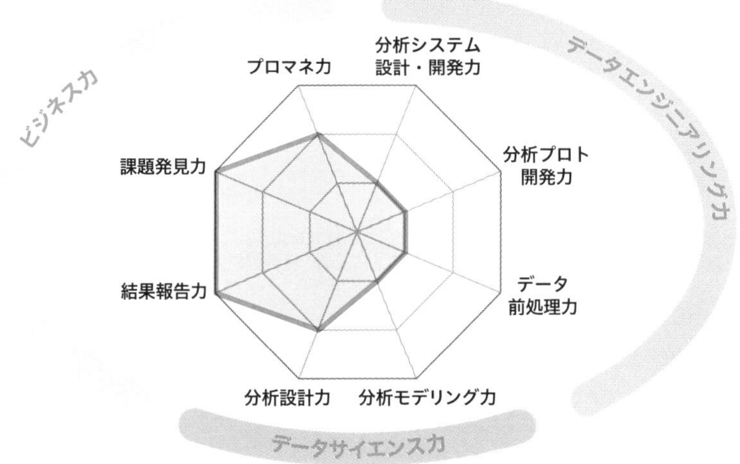

(4) ソリューション特化型分析アーキテクトタイプ

各ベンダーはAIやデータ分析を組込んだデジタルソリューションを提供しています。ソリューション特化型分析アーキテクトタイプは、その中の特定のソリューションを担当して、分析モデルの作成やチューニング作業を中心に行います。ソリューション領域としては、例えば以下のようなものがあります。

例 1)　売上データを分析してお客さまの行動を予測するデジタルマーケティングソリューション

例 2)　手書きの帳票などを画像認識・文字認識で読み取るAI-OCR[*3] ソリューション

例 3)　設備の稼働データを分析して故障予兆を検知するスマートメンテナンスソリューション

これらのソリューションを活用するには企業ごとの業務プロセスやデータの特性に合わせた分析モデルのチューニングが必要になります。一方で、対象とする業務課題が明確で、解き方がソリューションとしてまとまっており、入力データや分析アルゴリズムの種類が限定されるため、分析を非常に効率良く進めることができます。

ソリューション特化型分析アーキテクトタイプは、プロマネ力、課題発見力、結果報告力、分析設計力、分析モデリング力、データ前処理力などに一定のスキルがあり、特定のソリューションに関するプロジェクトの対応に長けています（**図 1.7**）。

図 1.7　ソリューション特化型分析アーキテクトタイプ

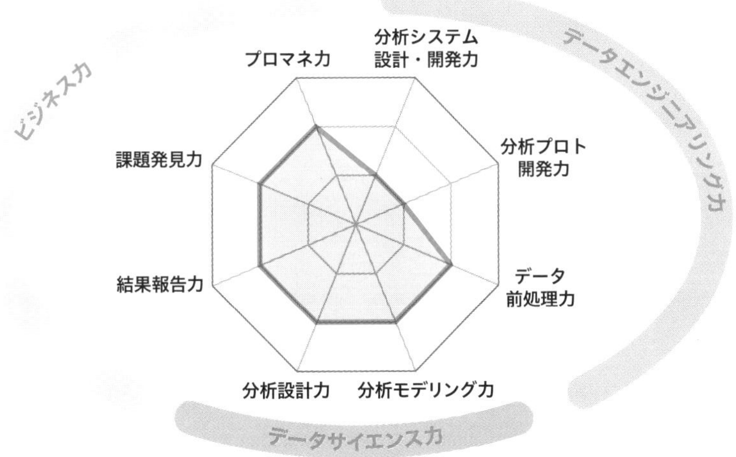

*3　AI技術（画像認識）を活用した光学文字認識機能（OCR：Optical character recognition）

(5) ドメイン特化型分析アーキテクトタイプ

金融業や製造業など特定の業種・業務（ドメイン）に関する知識があり、さまざまな業務課題に合わせたデータ分析手法を適用できます。ドメイン知識を生かしたデータ分析方針の設計、入力データの選定、データの加工、データ分析・モデリング、分析結果の考察などを行います（**図 1.8**）。

ドメイン特化型分析アーキテクトタイプは業務課題やプロジェクトの特性に合わせて、さまざまな分析ツールを使い分けることができます。

例 1)　自社が独自で開発した分析アルゴリズム・ツールを使って分析作業を行う。

例 2)　ベンダーが提供している分析ツールを使って分析作業を行う。

例 3)　OSS（Open Source Software）を活用して分析作業を行う。

またドメイン特化型分析アーキテクトタイプは、分析設計力、データ前処理力が非常に高く、特定の業種・業務であれば柔軟にデータ分析することができます（**図 1.8**）。

図 1.8　ドメイン特化型分析アーキテクトタイプ

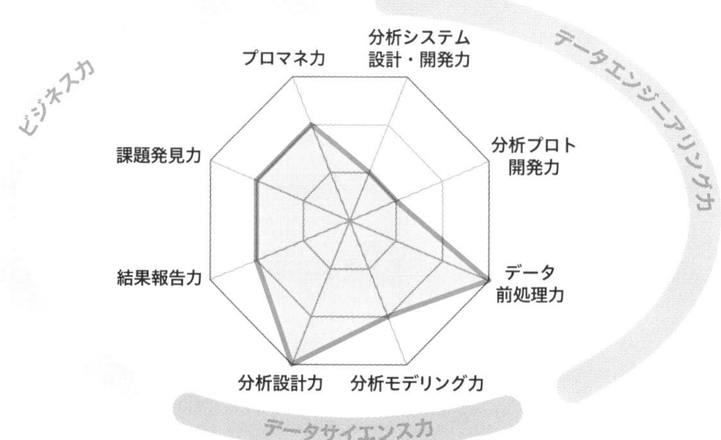

(6) 非定型データ分析アーキテクトタイプ

ドメイン特化型分析アーキテクトタイプと類似していますが、業務課題に対してあまり定石がない、あるいはチームであまり経験がない非定型なデータ分析に対してチャレンジし、結果を出すことができます。さまざまなデータ分析手法に長けており、それらの知識を応用して最適な手法を選択します。テーマに合わせて、実績がある分析ライブラリを使う、あるいは最新の論文に書かれている先端的な分析技術をトライアルするなど、柔軟な対応ができます。

また非定型データ分析アーキテクトタイプは、分析設計力、データ前処理力、分析モデリング力の 3 つのスキルが非常に高く、オールラウンドにデータ分析することができます（**図 1.9**）。

図 1.9　非定型データ分析アーキテクトタイプ

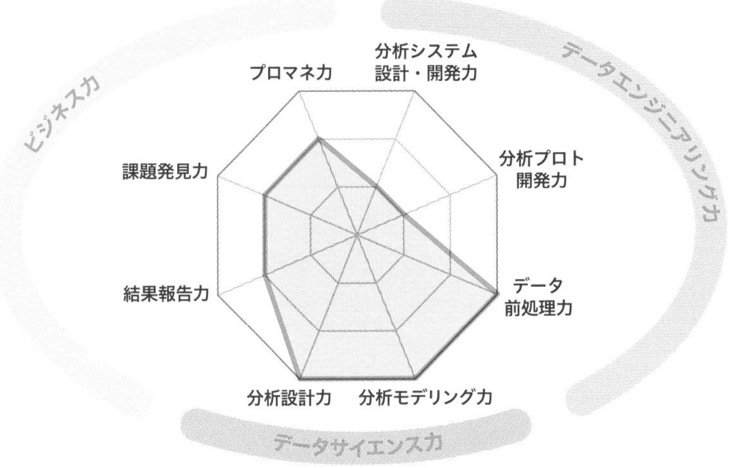

(7) 分析作業者タイプ

ソリューション特化型分析アーキテクトタイプ、ドメイン特化型分析アーキテクトタイプ、非定型データ分析アーキテクトタイプの指示のもと、データ加工やデータ分析・モデリングの作業を実施できます。プロジェクトのテーマ決めや分析方針の設計などは他のメンバーに任せて、データ加工およびデータ分析・モデリングを主に担当して進めます。

分析作業者タイプは、データ前処理力、分析モデリング力の2つのスキルが高い特徴があります。分析設計ができている中で作業するため、プロジェクト経験の浅い若手が担うことも多いです（**図1.10**）。

図1.10 分析作業者タイプ

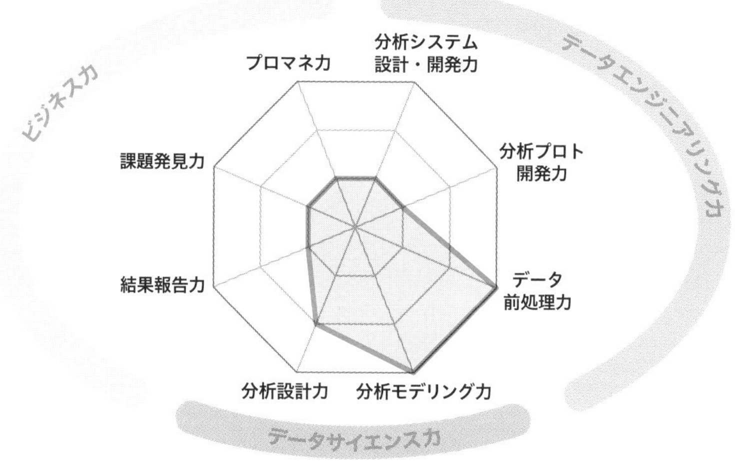

(8) 分析プロト開発者タイプ

データ分析の結果を業務で生かすため、データ分析から得られた分析モデルや分析結果をインプットとして業務への活用をイメージしたプロトタイプを迅速に開発できます。

分析プロト開発者タイプは分析プロト開発力が非常に高く、その他のスキルを組み合わせてデータ分析の結果を咀嚼し、業務での活用シーンに合わせて分析結果を分かりやすく見せることができます（**図 1.11**）。

図 1.11 分析プロト開発者タイプ

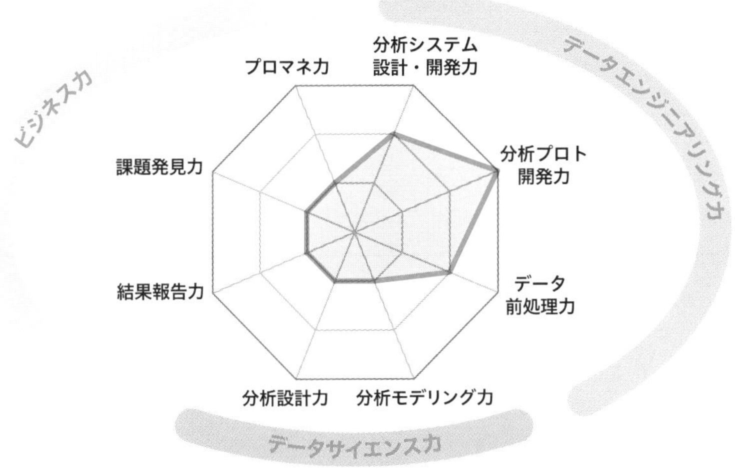

(9) 分析システムアーキテクトタイプ

データ分析で作成した分析モデルをシステム化するための知識・ノウハウがあり、分析システムの設計・開発ができます。ベンダーが提供するツールやOSSを活用してオンプレミスなシステムを開発する場合と、パブリッククラウド上でシステムを開発する場合の、両方の知識を備えていることが多いのも特徴です。

なお分析システムの品質は一般的なITシステムの品質とは考え方が異なります。運用フェーズにおいて分析モデルの精度は時間とともに劣化するのが一般的であり、学習時の精度を保証できません。それゆえ、運用フェーズにおいて分析モデルの精度監視や再学習などの必要があり、分析システムアーキテクトタイプはこれらを踏まえたアーキテクチャやライフサイクルを設計できます。

分析システムアーキテクトタイプは分析システム設計・開発力が非常に高く、その他のスキルを組み合わせた分析システムの設計に長けています（**図1.12**）。

図1.12 分析システムアーキテクトタイプ

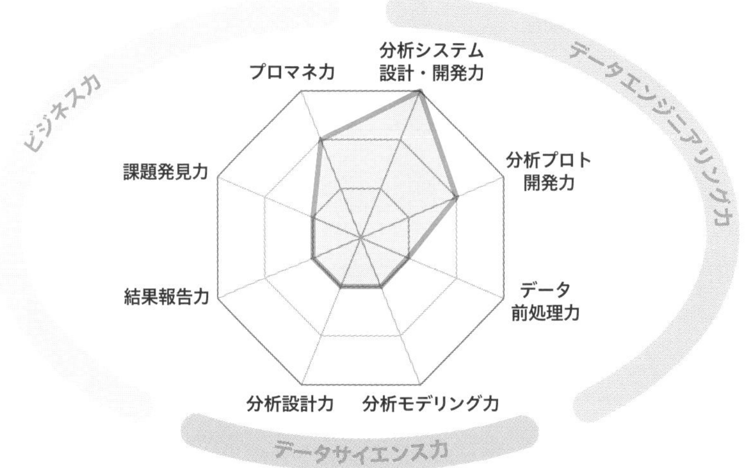

(10) 分析システム開発者タイプ

分析システムアーキテクトタイプの設計内容に従い、分析モデルを含む分析システムを開発できます。「データ分析システムの開発ができるSE」とも言えます。

分析システム開発者タイプは分析システムアーキテクトタイプと同様、分析システム設計・開発力が非常に高く、その他のスキルを組み合わせた分析システムの開発作業に長けています（**図 1.13**）。

図 1.13 分析システム開発者タイプ

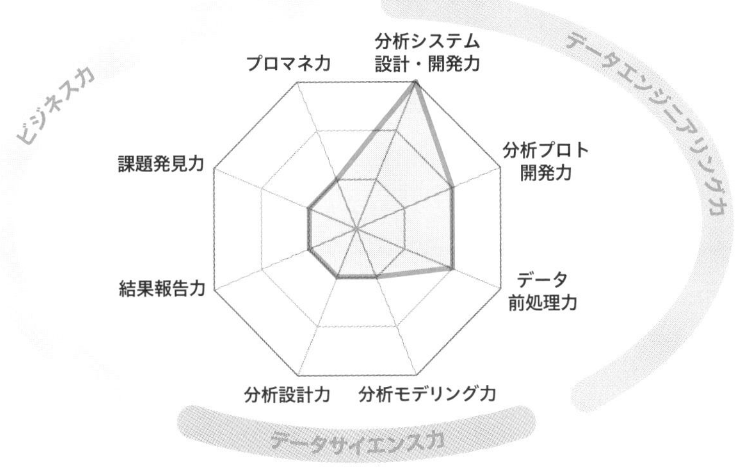

1.3 データサイエンティストの一日

データサイエンティストというと一日中画面に向かってデータ分析作業をしている印象がありますが、実際はデータ分析以外の作業もたくさんあります。ここではいくつかのタイプに絞って、データサイエンティストの典型的な一日の過ごし方についてご紹介します（**図 1.14**）。

図 1.14　４つのタイプの一日の過ごし方をご紹介

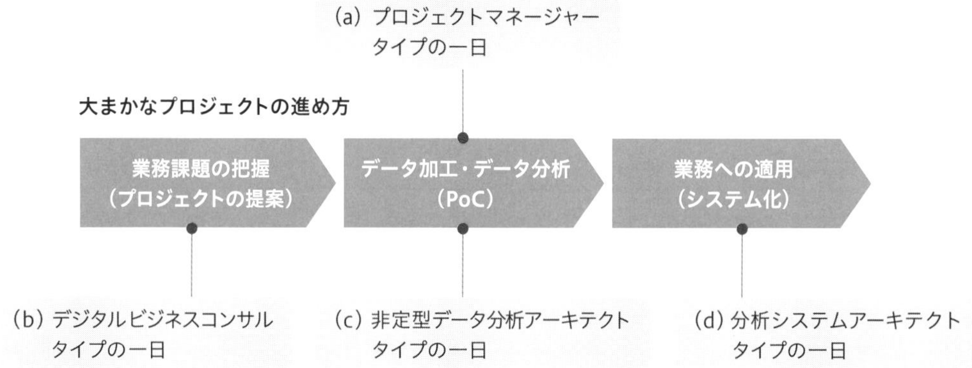

(a) プロジェクトマネージャータイプ

データ加工・分析（PoC：Proof of Concept）フェーズにおけるプロジェクトマネージャータイプの、とある一日をご紹介します。プロジェクトマネージャータイプはプロジェクト全体の進捗管理を担当し、基本的には CRISP-DM に従った WBS をベースに管理していきます。

データサイエンスプロジェクトは、一般的な IT システムの構築に比べると、短期間かつ少人数で行われ、また要件が明確ではないことが多いため、最初に決めたスケジュール通りに進まないことが多々あります。例えばデータ収集に時間がかかり作業が進まない、データが汚くてデータ加工に時間がかかる、データ分析時に精度が出ずにチューニングに時間がかかるなどです。プロジェクトマネージャータイプは、これらの状況の中で各ステークホルダーと議論し、スケジュール内にどこまで実施するのかを決めていきます（**図 1.15**）。

なお単に「進捗管理する」というだけではなく、他のメンバーと連携し、データ分析方針の設計、データ加工・データ分析方法などを議論し、業務部門にとって価値のある結果を出すように導いていきます。

図 1.15 プロジェクトマネージャータイプの、とある一日の過ごし方

午前		昼食	午後	
進捗確認	直近の進め方の検討、メンバーへの指示出し	昼食	業務部門への進捗状況の報告	課題に対する対応方針検討

(b) デジタルビジネスコンサルタイプ

業務課題の把握（プロジェクトの提案）フェーズにおけるデジタルビジネスコンサルタイプの、とある一日をご紹介します。デジタルビジネスコンサルタイプは何の業務課題をどう解決していくのかを提案します。

プロジェクトの提案時点では、何をテーマとしてプロジェクトを立ち上げるか決まっていない場合が多いでしょう。そのため、すでにある事例などを参考にしながら大きな方向性について議論し、方向性が決まってきたらより具体化していくための仮説をどんどん出していきます。またテーマを具体化する際には、どういうデータを入力とするか、どういうデータ分析手法で解けそうか、その結果はどう業務に適用できそうかなど、その後のシナリオを含めて検討します。この場合、プロジェクトマネージャータイプや分析アーキテクトタイプのメンバーなどと議論して確認しながら進めます（**図 1.16**）。

図 1.16 デジタルビジネスコンサルタイプの、とある一日の過ごし方

午前		昼食	午後	
業務部門へのヒアリング	振り返り	昼食	情報収集	仮説の洗い出し、提案書の作成

(c) 非定型データ分析アーキテクトタイプ

データ加工・分析（PoC）フェーズにおける非定型データ分析アーキテクトタイプの、とある一日をご紹介します。非定型データ分析アーキテクトタイプは分析方針を設計し、データ加工やデータ分析・モデリングを実施していきます。

通常、プロジェクトは複数人で推進していくため、単にデータ分析作業をすれば良いというだけではなく、プロジェクトマネージャータイプやデジタルビジネスコンサルタイプと現在の進捗状況や課題の共有、業務部門へ結果を伝えるための資料作成なども必要になります。また非定型データ分析アーキテクトタイプの場合、最新のデータ分析動向を把握したり、自分の腕を磨いたりすることも多く、例えば個人で分析コンペに参加する人も多く見られます。上位者の分析手法や特徴量の作り方を学び、自己研鑽に勤しんでいます（**図 1.17**）。

図 1.17 非定型データ分析アーキテクトタイプの、とある一日の過ごし方

午前		昼食	午後			夜（プライベート）
作業内容の確認	分析作業	昼食	分析内容に関する打合せ	分析作業	分析結果報告資料の作成	分析コンペへの参加

(d) 分析システムアーキテクトタイプ

業務への適用（システム化）フェーズにおける分析システムアーキテクトタイプの、とある一日をご紹介します。分析システムアーキテクトタイプはデータ分析の結果となる分析モデルを業務に適用するための IT システムを設計していきます。

例えばオンプレミスで IT システムを構築する場合、システムアーキテクチャおよびデータの入力元となる既存システムとの連携方式などを設計していきます。

なお近年はパブリッククラウド上で分析モデルを動かすことが多くなってきているため、最新動向にキャッチアップするための情報収集を常に行っています（**図 1.18**）。

図 1.18 分析システムアーキテクトタイプの、とある一日の過ごし方

午前		昼食	午後		
作業内容の確認	分析システム化に向けた課題洗い出し	昼食	関係者との打合せ	分析システムの実現方式の検討	自己学習（クラウドサービスなど）

1.4 データサイエンスプロジェクトを成功させるには？

それぞれのメンバーのタイプによって得意な分野が異なるため、プロジェクトの特性に合わせて人選することが重要になります。チーム体制はプロジェクトの規模によって異なり、大規模プロジェクトになれば役割ごとに担当者を分けて、さらにサブチームを作って動くことがあります。小規模プロジェクトであれば1人の担当者が複数の役割を担います。

ここではいくつかの体制例をご紹介します。プロジェクトの推進には複数メンバーの協力が不可欠です。

1.4.1 一般的なチーム体制例

プロジェクトマネージャータイプが全体をまとめながら、ドメイン特化型コンサルタイプが持つ業種・業務に関する知見、およびドメイン特化型分析アーキテクトタイプが持つ分析手法の知見を組み合わせて進めていきます。なおドメイン特化型分析アーキテクトタイプと連携し、分析作業者タイプがデータ加工やデータ分析・モデリングを実施します。その結果をもとに分析プロト開発者タイプが業務部門に見せる分析プロトを開発します（**図 1.19**）。

- プロジェクトマネージャータイプ：１名
- ドメイン特化型コンサルタイプ：１名
- ドメイン特化型分析アーキテクトタイプ：１名
- 分析作業者タイプ：１～２名
- 分析プロト開発者タイプ：１～２名

図 1.19　チーム体制例（一般的）

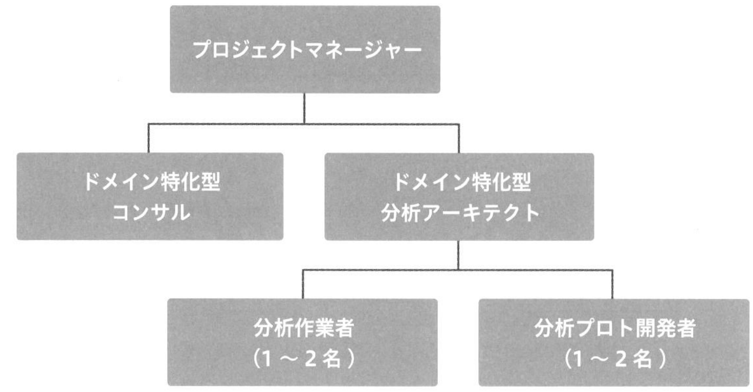

1.4.2 少人数なチーム体制例

プロジェクトの規模によっては少ない人数で進めることがあります。その場合は一人が複数の役割を兼ねることになります。最小では 2 ～ 3 人で進めることもあります（**図 1.20**）。

- プロジェクトマネージャータイプ 兼 ドメイン特化型コンサルタイプ：1 名
- ドメイン特化型分析アーキテクトタイプ 兼 分析作業者タイプ：1 ～ 2 名

図 1.20　チーム体制例（最小のケース）

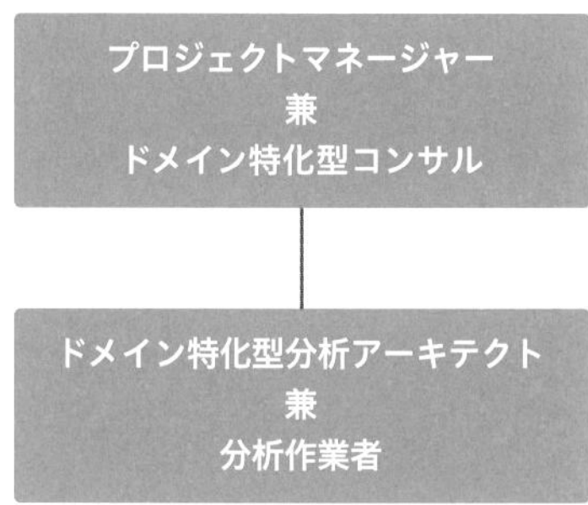

データサイエンティストになるには

2.1 高度な統計、数学知識が必要？

データサイエンティストをめざそうと思ったら、まずは、統計学や数学、あるいはプログラミング言語である Python、R を用いたデータ分析手法について Web を検索したり、書籍や雑誌の特集などを読んだりして知識を取得することが多いでしょう。しかし、データサイエンスに関する情報は世の中に溢れているので、取捨選択に悩んでしまいます。

データサイエンスと一口にいっても、分析の目的やその手法はさまざまです。個々の分析手法を完全に理解しようとすると、統計学、線形代数、微分、積分といった数学の幅広い知識が必要となります。実際にプロジェクトを進めていく上でチームメンバー全員が数学に秀でている必要はありません。ただし、チームメンバー同士が連携する際に、データサイエンスの基礎知識は不可欠です。分析目的や分析手法の前提条件（扱えるデータの形式・分布・大きさ、欠損値の有無に対応できるかなど）、分析結果のアウトプットとその意味について、お互いに正しく理解することができます。

また、データサイエンティストは統計量やグラフを用いてデータの傾向を可視化し、業務部門の担当者と課題を共有しながら、データの裏に隠れている特異な振る舞いや、業務制約・課題、業務ノウハウを明らかにすることが求められます。

2.2 データサイエンティストが扱う代表的なツール

データサイエンティストが用いる代表的な分析ツールとして**表 2.1** のものが挙げられます。Python に代表されるプログラミング言語を用いて自由度の高い分析を行う方法や、統計解析ソフトウェアを用いてプログラミングを学習せず分析する方法、BI（Business Intelligence）ツールでデータの可視化、傾向把握から課題解決する方法など、プロジェクトごとに柔軟なアプローチを取っています。

これまでの経験では、高度な分析アルゴリズムを用いずに可視化で解決できた分析プロジェクトも多くあります。担当者の経験と勘、属人的な知識を可視化し、知識を外在化することで、業務課題が明らかになったり、次のアクションが見えてきたりするケースも多くあります。必ずしも Python や統計解析ソフトウェアを使った分析が必要なわけではありません。中には Excel を使いこなすことだけで十分な分析結果を得られたプロジェクトもあります。

表 2.1 代表的な分析ツール

ツール分類	プログラミング言語（オープンソース）	統計解析ソフトウェア	BI ツール
代表例	Python、R など	SPSS modeler、SAS、JMP など	Tableau、Qlik Sence、PowerBI など
インタフェース	CUI	GUI	GUI
ライセンス	無償	有償のものが多い	有償のものが多い
特徴	● プログラム言語の学習が必要だが、Python が注目を集めており、多くのデータサイエンティストに使われている。 ● ライブラリが非常に豊富であり使いやすい。	● メニューから分析手法を選択することで簡単にデータ分析ができる。豊富な分析手法を利用可能。 ● 分析手法の選択時、データ分析の知識が必要。	● 経営幹部や業務部門向けの可視化やレポーティングが得意。 ● GUI による簡易な操作によりデータの可視化やドリルダウンなどが可能。 ● データマイニングツールとして簡易な分析機能が付いていることが多い。

次にプロジェクトメンバーとデータの把握、理解を進める上でどの可視化手法を選択すべきか検討する際に**図 2.1** のデータ可視化のチートシートや**表 2.2** の代表的な可視化手法が参考になります。これらの手法を用いてデータの全体把握を行います。また取得できたデータを全て使って分析すれば分析の精度が向上するというものではありません。可視化手法を用いて、担当者とコミュニケーションを図りながら分析を進めることが課題解決に繋がります。

図 2.1　データ可視化チートシート

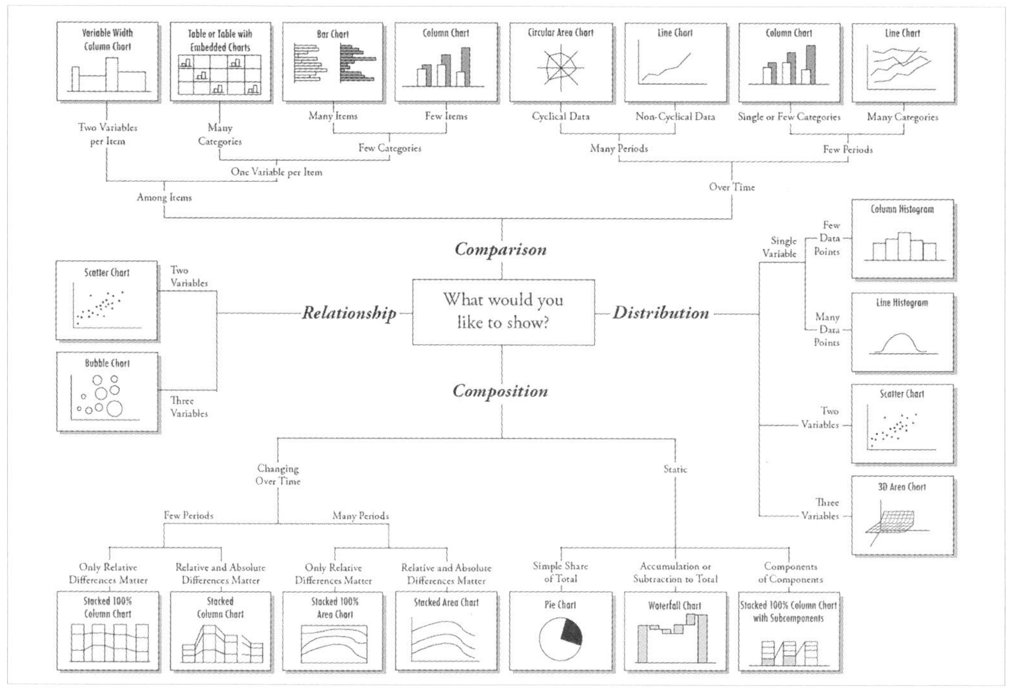

出典：http://www.labnol.org/software/find-right-chart-type-for-your-data/6523/

表 2.2　代表的な可視化手法

可視化手法	目的／適用先	可視化イメージ
散布図	2 変数間の関係性を把握 **【用途】** ● 対象者・物による傾向分析・分類 ● 異常パターンの発見	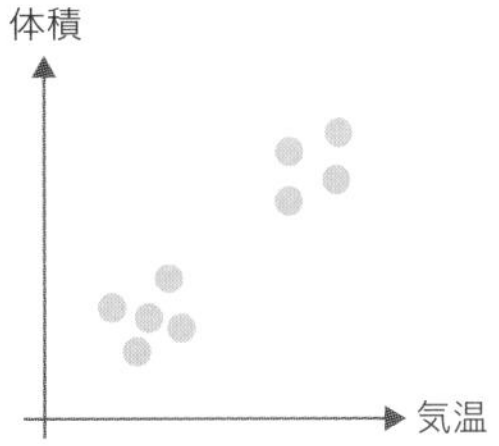 体積 気温
推移図	時系列にデータを配置し、経時変化による影響を把握 **【用途】** ● 時間的変化点の発見 ● 異常発生日時の把握	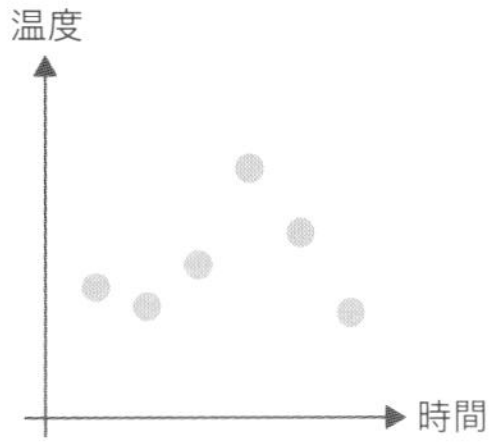 温度 時間
ヒストグラム	データの分布や平均、ばらつきを把握 **【用途】** ● 異常値、外れ値の発見 ● データ全体の分布把握	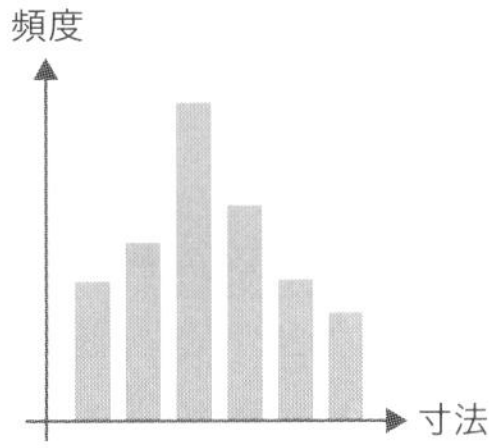 頻度 寸法
パレート図	各変数における寄与度の把握 **【用途】** ● 変数の寄与度把握 ● 分析対象外の変数の把握	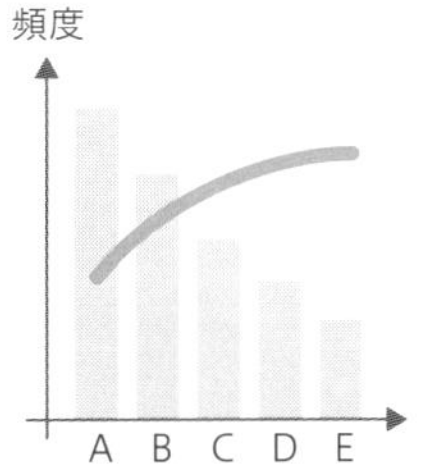 頻度 A B C D E
ツリーマップ	階層構造と数量を同時に把握 **【用途】** ● 分析対象（インパクト分析）の選択 ● 分析結果の業務適用時の効果試算	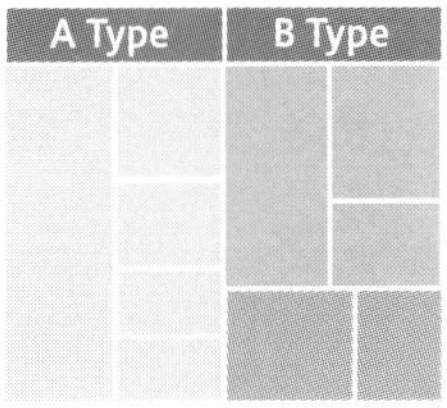 A Type　B Type

次にデータサイエンスプロジェクトで用いられる分析目的別の代表的な手法の一例を示します（**表 2.3**）。それぞれの具体的な分析手法については 4 章以降をご参照ください。

表 2.3 代表的な分析手法

分析目的	手法	代表的な Python ライブラリ
予測	● 回帰分析 ● 時系列分析	● scikit-learn ● LightGBM ● XGBoost ● statsmodels
予兆検知	● 距離学習（マハラノビス他） ● ホテリング統計量 ● k 近傍法 ● one-class SVM[*1] ● オートエンコーダ	● scikit-learn ● scipy
要因解析	● 因果推論 ベイジアンネット 構造方程式 マッチング	● bnlearn、pgmpy ● semopy ● Causal ML
画像解析	● Deep Learning 画像識別 物体検出 領域検出、など	● Tensorflow/Keras ● PyTorch
テキスト解析	● word2vec ● BERT ● transformers	● scikit-learn ● gensim
数理最適化	● 線形計画法（LP） ● 混合整数計画法（MIP） ● 遺伝的アルゴリズム（GA）[*2] ● 制約プログラミング（CP）	● PuLP（LP、MIP） ● DEAP（GA） ● Google OR-Tools（LP、MIP、CP）[*3]

*1　SVM : Support Vector Machine

*2　GA : Genetic Algorithm

*3　LP : linear programming、MIP : Mixed Integer Linear Programming、CP : Constraint Programming

2.3 データサイエンティストとしての心構え

データサイエンティストは、データサイエンスプロジェクトの実践を通じてさまざまな経験を積むことが重要です。扱える分析手法の幅を広げることも重要ですが、さまざまなプロジェクトに携わることで新たなドメイン知識を取得することが大切です。その積み重ねが、新たな発想や仮説立案の幅の広がり、別のプロジェクトへの知見の転用など、次に繋がっていきます。

また、データサイエンスプロジェクトを進める上で高度な知識や難しい専門用語を多用することは、メンバー全員が情報を一律に共有するというためにも、避けた方が良いでしょう。プロジェクトメンバー全員が業務課題を正しく理解し、活用シーンを想定した上でデータの裏付けを加え、課題解決に向けたアプローチを提案することでプロジェクトの成功率が上がります。

一方で、データサイエンスの技術革新は日進月歩です。常に新しい情報に興味を持って自己研鑽し、データサイエンティストのチーム内で各々の得意分野や経験を共有し、お互いを刺激しあう環境作りも大切でしょう。

データサイエンティストとしての心構えとしては、このような意識も常日頃から重要となります。

データサイエンスプロジェクトの進め方 ～失敗しないためには～

3.1 データサイエンスプロジェクトの流れ

本章ではデータサイエンスプロジェクトの基本的な流れ、および各ステップで気をつけるべきポイントについて著者の経験談を踏まえてご紹介します。

データサイエンスプロジェクトの標準プロセスモデルであるCRISP-DMでは、以下の6つのステップが定義されています（**図3.1**）。

- Business Understanding（ビジネス理解）
- Data Understanding（データ理解）
- Data Preparation（データ準備）
- Modeling（モデリング）
- Evaluation（評価）
- Deployment（実装）

図3.1 CRISP-DM

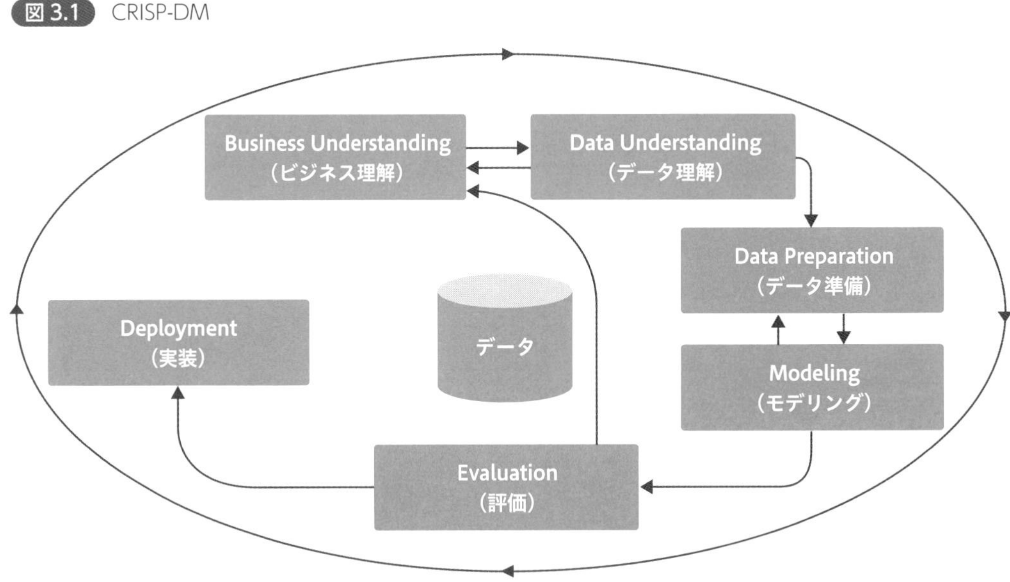

本書ではこのCRISP-DMをベースとしながら、データサイエンスプロジェクトでよく使われる言葉に置き換えて、それぞれのステップで何をすべきかをご紹介します。(**図3.2**)

① 業務課題の把握（プロジェクト起案）

② 分析方針の設計

③ データの理解・収集

④ データの加工

⑤ データ分析・モデリング

⑥ 分析結果の考察

⑦ 業務への適用

図3.2 データサイエンスプロジェクトのプロセス

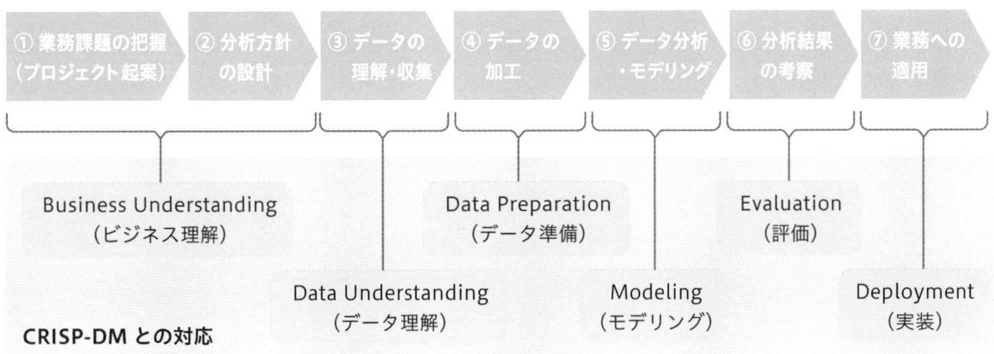

本章では、一連のプロセスにおける基本的な進め方や考え方を解説します。その上で、4章では数値解析や画像認識、テキスト解析など、分野別の進め方をご紹介します。また5章では⑦業務への適用でのシステム運用時に使えるMLOps（機械学習システムを継続的に運用するための取り組み）についてご紹介します。

3.2 ①業務課題の把握（プロジェクト起案）

プロジェクトの最初のステップ「業務課題の把握」では、対象とする業務と業務課題を理解・把握し、データサイエンスプロジェクトのゴールやスコープ、スケジュール、体制などを定義します（**図3.3**）。データサイエンスプロジェクトの中で最も重要なステップであり、ここで成功・失敗のほとんどが決まってしまうと言っても過言ではありません。

図3.3　①業務課題の把握（プロジェクト起案）

①業務課題の把握（プロジェクト起案）	②分析方針の設計	③データの理解・収集	④データの加工	⑤データ分析・モデリング	⑥分析結果の考察	⑦業務への適用

本ステップで考えるべきことは以下になります。

(a) 対象業務の設定

(b) 業務課題の設定

(c) ゴールおよびスコープの設定

(d) 作業内容・スケジュール・体制の検討

(e) 予算の確保

3.2.1 (a) 対象業務の設定

企業の中にはさまざまな業務があります。まずは、データサイエンスプロジェクトとして、何の業務を対象とするかを決めます。例えば、各店舗・工場に関する業務や、本社・本部に関する業務、コールセンターに関する業務などがあり、どれを対象とするか。または業務プロセスとして、企画→設計→調達→生産→出荷→販売→保守の流れがあるとした場合に、どの業務を対象とするか、などです。

企業の方針として最初から対象業務が設定されている場合もあれば、業務部門とデータサイエンスチームで議論して決める場合もあります。

3.2.2 (b) 業務課題の設定

対象業務を決めた後は、何の業務課題を解決するのかを設定します。通常、業務と一言で言っても、課題はさまざまです。例えば小売業の販売業務を対象とした場合には、「売上を上げたい」と言うのが大きな目標になりますが、その売上を上げるために何が課題となっているのかをより具体化する必要があります。

売上を上げるための業務課題（障壁）の例

✓ 新規の顧客が増えず、伸び悩んでいる

✓ 既存の顧客が他社に取られ、離反が起きている

✓ 顧客はそれなりにいるが、顧客単価が低い

✓ 顧客はそれなりにいるが、利用頻度が低い

など

業務課題を洗い出していく際は、まず大きな課題を捉え、そこから因数分解するイメージで考えていくと良いでしょう。例えば「売上を上げたい」を達成するには何が課題になっているのか。顧客数なのか、顧客単価なのか、利用頻度なのか、などと分解して考えていきます（**図 3.4**）。

図 3.4 「売上を上げたい」の因数分解

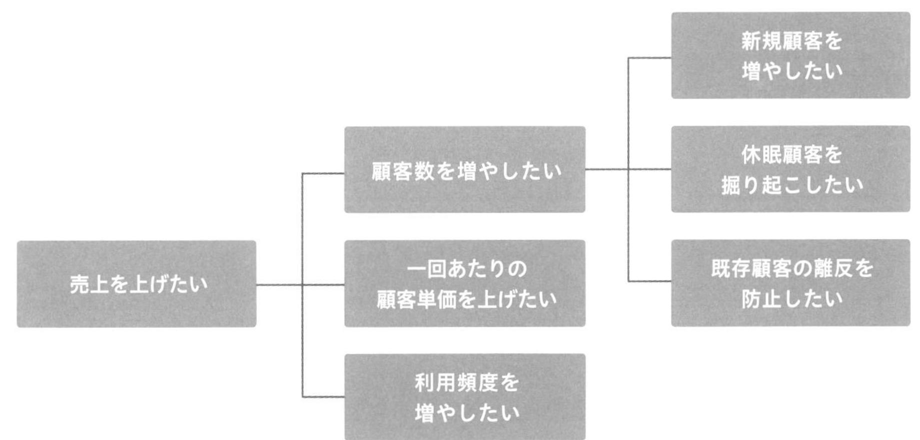

これらの業務課題の中で、何を対象としてプロジェクトを進めていくのかが定まっている場合とそうでない場合とがあります。

業務部門の中ですでに大きな課題・テーマがある場合は、その課題が対象になる傾向があります。中期計画などを通して経営幹部が認識している場合が多いため、プロジェクトの重要性を主張しやすく、予算を確保しやすくなります。

逆に、業務部門の中で課題が明確でない場合は、業務部門の各現場担当者にヒアリングしながら明確化していく、あるいはデータサイエンスチームが持つドメイン知識や過去の事例などを参考にしながら業務部門と議論して明確化していく必要があります。

3.2.3 (c) ゴールおよびスコープの設定

業務課題に対して今回のプロジェクトのゴールおよびスコープで何をどこまでめざすのかを設定します。例えば小売業における「顧客の利用頻度を増やしたい」と言う業務課題に対するプロジェクトのゴールおよびスコープとして、以下のどこまでを実施するのか決めます。

- 「利用頻度の低い顧客」と「利用頻度の高い顧客」で、顧客属性の違いや購入商品の違いを可視化すること。
- 利用頻度を高めるための要因を発見すること。
- 要因分析の結果をもとに、利用頻度を高めるための施策を検討し、実際に施策を実施して効果の有無を検証すること。

このステップでは基本的にはデータ取得やデータ分析は行いませんが、案件によってはゴール達成に向けた実現可能性を評価するために、データを一部取得してプレ分析をするケースもあります。

3.2.4 (d) 作業内容・スケジュール・体制の検討

プロジェクトのスコープに合わせてプロジェクトに必要な作業やスケジュールを WBS（Work Breakdown Structure：作業分解構成図）に落とし込みます。通常は 3 ヶ月程度でフェーズを区切って進めることが一般的です。データ分析作業を具体化し、作業内容に応じて最適な人員をアサインします。

ここでスケジュールの例をご紹介します（**図 3.5**）。一つの例としては、業務内容およびデータの理解、入力データの授受、データ加工で 1 ヶ月、データ分析・モデリングおよび分析結果の考察で 2 カ月かけて進めていくような形になります。ただしこれは計画段階のスケジュールであり、見直しながら進めていきます。例えば、最初に入力データを授受して進めたものの、実際には追加データをもらい直すこともあります。また、データ加工やデータ分析・モデリングについては何度も試行錯誤を繰り返し、ある程度まとまった単位で定例会で報告することが多いです。なお、3カ月後の次フェーズとして、もう少しデータ分析を深掘りしたり、実際に施策を打って効果検証したりしながら、システム化による業務への組込みを行うフェーズに移行していきます。

データサイエンスプロジェクトの場合、一般的なソフトウェア開発やシステム開発と比較して、プロジェクト開始当初に全体を見通すことが難しい場合が往々にしてあります。プロジェクトが進むにつれて業務課題の本質やデータの中身が詳しく見えてくるため、当初設定した課題／KPIや分析の進め方に対して軌道修正が必要な場面が多々出てきます。そのため最初に決めたスケジュールに固執せず、柔軟に進め方を変更していくことが重要です。

図 3.5 スケジュールの例

項番	作業項目	N月				N+1月				N+2月			
		1W	2W	3W	4W	1W	2W	3W	4W	1W	2W	3W	4W
	マイルストーン	● キックオフ							● 中間報告				● 最終報告
	業務部門／IT部門との定例会			▲	▲	▲	▲	▲		▲	▲	▲	
1	業務内容およびデータの理解	■	■	■	■								
2	入力データの授受	■											
3	データ加工		■	■	■								
4	データ分析・モデリング1回目（初回）					■	■	■	■				
5	データ分析・モデリング2回目（深掘り・精度向上）							■	■	■	■		
6	分析給果の考察											■	■

3.2.5 （e）予算の確保

プロジェクトを進めるのに必要な作業内容、スケジュール、体制、工数を示して、それを実施するのに必要な予算を確保します。当然ながらこの壁を突破することは非常に困難であり、企画段階で中断してしまうケースも少なくありません。

データサイエンスプロジェクトの場合、データ分析という作業の性質上、「やってみないと分からない」ことが多いのですが、それをそのまま提案してしまうと、経営幹部からは「分からないのであれば予算は付けられない」という（ある意味当然の）指摘を頂きます。重要なのは、何の業務課題を解決しようとしているのか、将来どの程度の投資対効果が見込めるのかを説明すること、さらに業務部門やIT部門などのキーマンに納得して頂いてデータサイエンスチームとワンチームになって提案してもらうことに尽きます。

Know-how

業務部門がデータサイエンスに求めていることを明確にしよう

データサイエンスで何をするかテーマが決まっていないときには、そもそもデータサイエンスとは何か、データサイエンスを使うことによって何ができるかが業務部門に理解されていない場合があります。

時として担当者の中には、データサイエンスを「魔法のハコ」のように捉えていたり、高度な分析手法を用いればより望ましい結果が得られると考えていたりする人もいます。しかし、データサイエンスにはできること・できないことがあり、またビジネス課題によっては「集計・可視化」だけでも十分な場合も多くあります。

そこで、データサイエンスにはさまざまな種類があることを説明し、業務部門の「データサイエンスへの理解度」を深めることが重要です。その上で、業務課題をしっかり捉えて、過去の知見から最適な分析手法を選択すべきだと考えます。

Know-how

テーマに対して優先順位を付けよう

データサイエンスプロジェクトのテーマを決める場合には、最終的に業務の改善や改革として大きな効果があるテーマを選ぶことが重要です。そのため、業務部門ですでに限界まで施策を実施しているテーマを選んでもあまり意味がありません。業務課題を因数分解した上で、現状あまり分析が進んでおらず、できるだけ伸びしろがあり、効果の大きいテーマを選ぶと良いでしょう。

例えば小売業における売上向上に関するテーマであれば、ターゲットは新規顧客なのか既存顧客なのか、既存の顧客の中でも離脱防止なのかなど、複数のテーマに分解できます。

また効果が大きいテーマでも、実現までに時間がかかるテーマと、すぐに効果が出るテーマという分類がよく使われます。例えば、営業活動の効率化をテーマとして分析した結果、営業担当者の行動を変える必然性が出てきたとしましょう。その場合、営業担当者への説明・説得、そして人員数によっては全員への展開への時間は多く掛かってしまうことになります。効果が大きくても、プロジェクト期間内に成果が出せない場合には、優先順位を下げることがあります。

このように、経営効果の高いテーマ・低いテーマ、効果が出るまでの期間が短いテーマ・長いテーマの 4 つに分類すると優先順位を付けやすくなります（**図 3.6**）。業務部門とテーマを洗い出した後に、これらを議論した上でテーマの選定を行いましょう。

図 3.6　優先順位付けマトリックス（例）

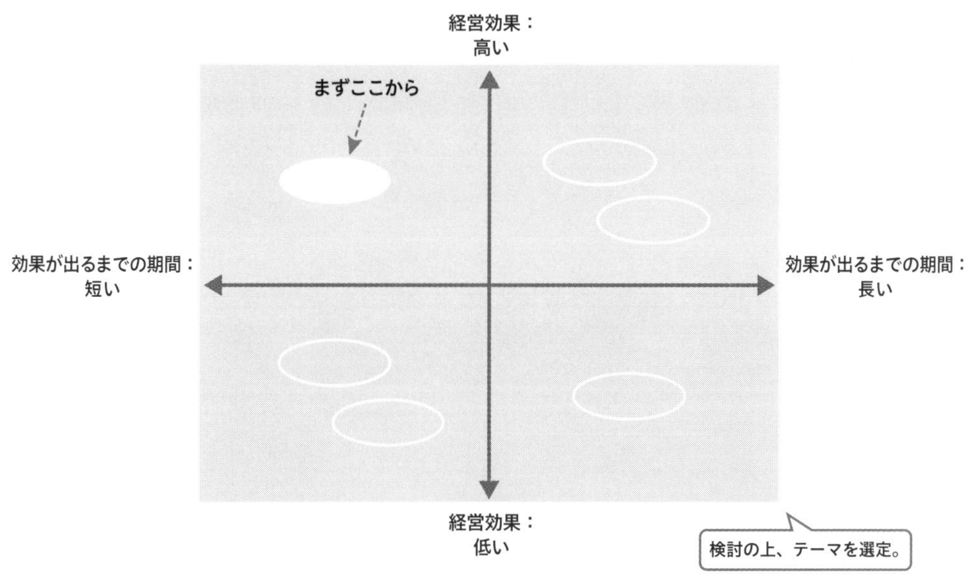

Know-how

世の中にある事例を参考にしよう

すでにベンダー各社で、DX 事例や、データ分析事例、AI 事例などが豊富に公開されています。ゼロから考えるのではなく、自社の業務部門に近い事例を探すことで、ゴールを設定しやすくなります。例えば日立製作所では、「Lumada 協創事例」として多数の事例を社外に公開しています（**図 3.7**）

図 3.7　日立 Lumada 協創事例

（https://www.hitachi.co.jp/products/it/lumada/stories/index.html）

3.3 ②分析方針の設計

次のステップでは、①で定めた業務課題の解決に向けて分析方針を設計します（**図 3.8**）。ここはデータサイエンティストの手腕が問われるステップといえます。

図 3.8 ②分析方針の設計

まずは①で特定した業務課題をデータ分析で解ける問題に落とし込む必要があります。課題の内容に応じて、以下の 2 つのアプローチが考えられます。

(a) データ集計・可視化を中心に進めるパターン

(b) 機械学習を用いて進めるパターン

技術的な難易度で言うと、(a) データ集計・可視化より、(b) 機械学習の方がさまざまな分析スキルが求められます。ただし (b) 機械学習はある程度の「型」があるのでやりやすく、(a) データ集計・可視化は業務課題によって解き方を決めなければならないため、コンサルティング色が強くなります。

以下、この 2 つのアプローチについて、例を使って説明します。

3.3.1 (a) データ集計・可視化を中心に進めるパターン

小売業で「POS（Point of Sales）データを使って店舗の売上を増やす」というプロジェクトを例に考えてみましょう。

- 例）ある店舗の売上が低迷しているので、店舗売上を増やしたい
- 例）周辺地域の店舗売上の傾向を分析して、どうしたら売上を増やせるかを分析したい
- 例）どんな商品が売れているのか、どんな顧客が来店しているのかを分析したい

このようなプロジェクトの場合、進め方はいろいろありますが、データサイエンティストが立てる仮説に沿って進めていくことが一般的です。

まずデータを集計して「XX という商品は YY の年代に購入層が多い」という事実が分かったとします。その事実の説明として、「ZZ という理由だと思われる」という仮説を立てます。それをまたデータを使って検証します。必要であれば実際に AB テストなどを用いて検証します。

分析作業としては「集計」のみなので、技術的難易度は低いものの、問題の本質が理解できていなかったり、ロジカルに考えられていなかったりすると、意味のない集計表を山のように作ってしまったり、業務活用に繋がらない分析結果になってしまったりすることがあります。課題に応じてやり方を考える必要があり、加えて仮説が重要であるため、ドメイン知識およびコンサルティング力が求められます。

3.3.2 (b) 機械学習を用いて進めるパターン

別の例として、小売業における「商品の店頭在庫の最適化」というプロジェクトを考えてみます。在庫の発注タイミングを間違えると欠品を起こし、販売機会を逃します。また発注量が多すぎると過剰在庫を抱えて最後は廃棄になる可能性があります。損失を抑え、売上を最大化するために、お客さまの需要がどの程度になるのか需要予測をする、需要予測モデルを作るというアプローチが考えられます。この場合、機械学習を用いて進めます。

機械学習にはいくつかの種類があるため、適切な手法を選択する必要があります。大きくは「教師あり学習」、「教師なし学習」、「強化学習」の 3 つに分けられます（**図 3.9**）。

- **教師あり学習：**出力データに正解ラベル（教師）を付けて、入力データと出力データの関係を学習します。

  回帰問題：入力データから出力データを予測する手法です。出力データとして連続値などの値を予測します。売上予測などに使われます。

  分類問題：出力データとしていくつかの分類を決めておき、入力データがどの分類に属するのか予測する手法です。正常／異常などの分類に使われます。なお正常、異常など 2 つの値に分類される場合、「二値分類」と呼ばれます。

- **教師なし学習：**正解ラベル（教師）のない学習方法で、データをクラスタリングする、あるいは外れ値を検出する際に使われます。

  クラスタリング：入力データのみでデータの構造を学習し、グループ化します。顧客のセグメンテーションなどに使われます。

  次元削減：入力データの多数の変数の中から全体の傾向を表す特徴量を抽出します。アンケート結果の分析などに使われます。

外れ値検知：入力データをグループ化し、グループから大きく離れた値を検知します。機械の異常検知などに使われます。

- **強化学習：**ある特定の環境の中で、エージェントに行動させ、報酬を最大化する行動を学習します。ロボットの制御や自動運転制御などに使われます。

図 3.9 機械学習の種類

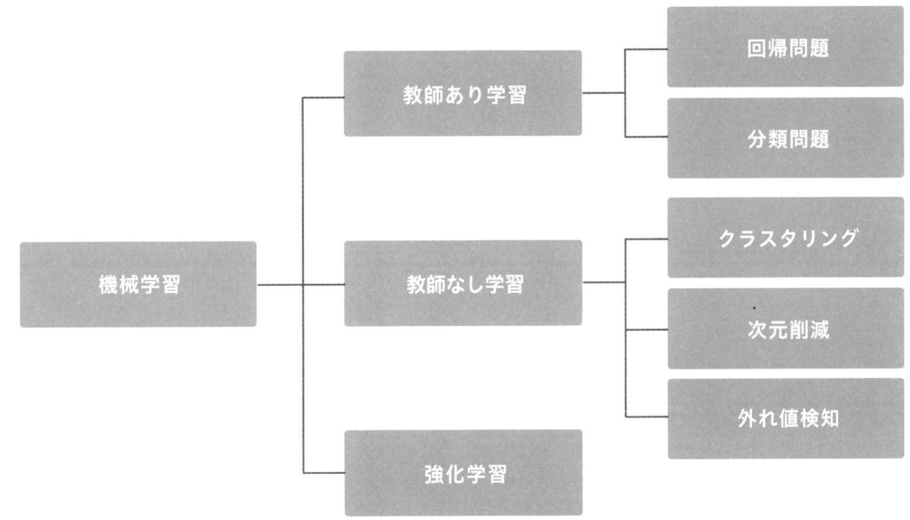

例えば「需要予測」で言えば、過去の販売データ（正解ラベル）があり、入力データから販売個数を予測するため、「教師あり学習」のうち、「回帰問題」を活用することになります。次に以下の流れで分析方針を設計していきます。

3.3.2.1 目的変数および説明変数の設計

回帰問題を解いていく場合には、「目的変数」（出力データ）および「説明変数」（入力データ）を決めます。

- **目的変数：**予測したい変数。需要予測で言えば、販売個数など。
- **説明変数（「特徴量」とも言います）：**入力データとして使う変数。需要予測で言えば、天気、気温、曜日（平日／休日）など。

回帰問題の一つの分析手法である重回帰分析の場合、目的変数／説明変数の関係は以下の式で表されます。 y が目的変数、 x_i が説明変数、 a_i が定数です。分析設計のステップでは、入力データの特性が全て分かっているわけではないため、説明変数の候補となるデータの一覧を洗い出しておきます。

$$y = a_1x_1 + a_2x_2 + a_3x_3 + \cdots + a_0$$

3.3.2.2　入力データの洗い出し

目的変数・説明変数を洗い出したら、分析に必要な入力データ群を検討します。IT 部門と連携し、それらの入力データがどの DBMS（Database Management System）に入っているかなどを調査します。需要予測であれば販売管理システムに入っている売上データなどを入力データとします。また必要に応じて気象データなどオープンデータの収集も検討します。

3.3.2.3　目標指標や目標値の設定

需要予測として 1 日単位の売上個数を予測するのであれば、予測誤差としてどのくらいをめざすか／許容するかを設定します。過去に何らかの方法で予測している場合には、それを上回ることを目標値にすることもあります。この評価指標や目標値設定をどこに置くのかが難しい場合が多く、まずは仮決めした上で、分析しながら見直すことをお勧めします。

3.3.2.4　運用を踏まえた分析設計

分析設計の注意点は、運用を踏まえた設計にすることです。3 ヶ月後の予測をすべきか、1 週間後の予測をすべきか、それとも今日の午前／午後／夕方レベルでの予測をすべきか。これによって使えるデータが変わってくるので非常に重要です。この設計を間違えると本番では使えないモデルになってしまいます。

3.4 ③データの理解・収集

次のステップでは、②で設計した分析方針に従い、データ分析に必要なデータを理解・収集します（**図 3.10**）。

図 3.10 ③データの理解・収集

必要なデータは、一般的には業務システムのDBMS、または情報系システムにおけるDWH（Data WareHouse）やデータマート、Hadoopなどによるデータレイク[*1]の中に蓄積されています。これらのシステムはIT部門の中の特定のチームが管理しており、ITベンダーに管理を委託している場合もあります。そこで、システムを担当しているチームやITベンダーにお願いし、データを抽出してもらいます。

データベースからデータを抽出する際には、分析方針を踏まえて、データ抽出の条件を細かく指定することが必要です。まずはテーブル構成やデータフォーマット、データの基礎集計情報（ユーザー数やデータ期間など）をもらって、それをもとに指定します。

データの収集にはそれなりの時間と手間がかかります。関連するデータを最初に全てもらっておけば後から追加で収集し直してもらうリスクは減ります。一方で、データが多すぎると、今度は分析に使えるように整理する手間が増えてしまいます。分析設計や分析環境を踏まえて、必要なデータだけを取得することで分析作業を効率的に進められます。

*1　収集したデータをそのまま（生データのまま）格納しておくストレージ、リポジトリ等。

Know-how

個人情報を扱う必要がなければ削除・匿名化してもらおう

業務システムや情報系システム内に蓄積されている生データには、氏名や住所、生年月日といった個人情報が含まれる場合があります。例えば、「販売」に関するデータであれば顧客に関する個人情報が、「人事・働き方」に関するデータであれば従業員に関する個人情報が含まれる場合があります。

個人情報を扱う際には、法規制に従って適切に管理する必要があります。日本国内では「個人情報の保護に関する法律（個人情報保護法）」によって、個人情報の定義、収集、管理方法が定められています。個人情報の扱いには非常に注意を要しますので、分析内容を確認して個人情報そのものを利用することが本当に必要なのかよく検討しましょう。

プロジェクトのゴール設定次第ですが、個人を特定できないように匿名化しても分析上は問題がない場合がほとんどです。その場合はデータサイエンスチーム側でデータを受け取る前に、データ提供元である IT 部門などで個人情報を削除、または匿名化してもらいましょう。また、もし個人情報自体を利用する必要がある場合、関連する法律および社内規則に従って慎重に扱いましょう。

さらにプロジェクトで扱うデータの種類や、データ分析の内容、データ分析の結果の使い方について、「プライバシー保護」の観点で問題はないか、「AI 倫理」の観点で問題はないかなどを確認する、もしくはその分野の専門家に判断してもらいましょう。

Know-how

分析結果に影響しそうな外部データを説明変数に入れよう

業務部門から受領したデータだけではなく、相関がありそうな外部データを探すことも重要です。気象に関するデータは分析結果に影響を及ぼすため、仮説を立てて変数に入れてみる、などです。

例えば、製造業では環境（温度、湿度、空気中の成分など）に敏感な材料やプロセスが多くあります。そのため製品の材料や、製造工程、工場やサプライチェーン全体（材料の仕入れ中、輸送中、納品途中）の環境について、業務部門にヒアリングし、外部データを使用するかどうか判断すると良いでしょう。

3.5 ④データの加工

次のステップでは、③で収集したデータを、データ分析に利用するために一定の形式へ加工します（**図 3.11**）。

図 3.11 ④データの加工

① 業務課題の把握（プロジェクト起案） → ② 分析方針の設計 → ③ データの理解・収集 → ④ データの加工 → ⑤ データ分析・モデリング → ⑥ 分析結果の考察 → ⑦ 業務への適用

まず収集したデータの内容を確認します。指定した条件のデータが入っているか、期待したデータが入っているかを確認します。

次に、複数のデータソースから集められてきた場合には、何らかのデータをキーとして結合します。「販売」に関するデータであれば（匿名化された）顧客 ID、「人事・働き方」に関するデータであれば（匿名化された）従業員 ID などで結合します。

その後、データごとに基礎集計を行い、可視化してデータの分布・特徴を確認します。データ量が小さければ、Excel が有用です。その際、外れ値（異常値）や欠損値があるかを確認し、それらの除外や補間などを行います。

- **外れ値（異常値）：**大多数のデータから大きく外れた値（**図 3.12**）
- **欠損値：**データが含まれていない値（**表 3.1**）

図 3.12　外れ値（異常値）のイメージ

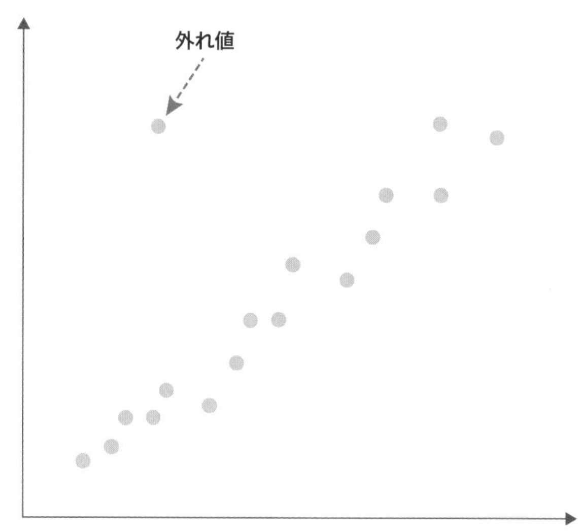

表 3.1　欠損値のイメージ（青色の欄）

ID	年齢	性別	金額
1234	23	女性	1,500
2345		男性	2,000
3456	20		1,000

Know-how

サンプルデータを早めに入手して、データの品質を確認しよう

データを実際に見てみると、業務部門や IT 部門が「ある」と言っていたデータがなかったり、想定以上にデータが汚なかったりということがよくあります。データの種類が少ない、対象期間が短い、正しく入力されていないなどの問題があると、想定していた精度や分析結果が得られない恐れがあります。

それゆえ、提案時やキックオフ時などの早い段階でサンプルデータを受領し、データ加工にどの程度工数を要するかを見積もることが重要です。

Know-how

前処理の作業時間はなるべく短くなるようにスケジュールを設計しよう

PoC では業務部門と何度も議論して方向性を合わせていく必要があるため、データ加工よりも業務部門とのコミュニケーションに時間をかけた方が良い結果を生みやすいものです。

一般的には、データ加工（データ前処理）に 7 割かかると言われています。現実的には、プロジェクト期間の 3 〜 4 割以下に留めるようにプロジェクト期間を設定する方が望ましいと考えます。

Know-how

正解ラベルは本当に正解かどうか確かめよう

人が正解ラベルを付けて出力データを作っているような場合には、ラベルが間違っている可能性があります。例えば人手で OK ／ NG のラベルを付けている場合、それ自体が間違っていると、AI は間違えたまま学習してしまいます。

そのため、データに対する正しいラベル付けという作業は非常に重要です。データサイエンスチームから見て「このラベルはおかしいな」と感じたら、業務部門に確認し、場合によってはラベルを付け直してもらいましょう。

Know-how

異常値や外れ値は安易に除外や補正をしないように気をつけよう

データに手を加えることには細心の注意が必要です。明らかなミスであれば良いですが、仮に加工すべきでない部分だったことが後から判明した場合、データ加工の作業をやり直す必要があります。

また極端に大きな値に意味があることもあります。例えば目的変数に大きな値があり、かつ、大きな値を外すと業務的に大きな問題となる場合には、その値を削除したり補正したりしてしまうと大きな値自体の予測が難しくなります。この場合は補正せずに分析するか、大きな値と小さな値に分けてモデルを作成することを検討しても良いでしょう。

またデータが欠損している場合に、分布を見て補間するのは一般的には良い方法ではありますが、解釈を間違えていると精度に影響します。また欠損自体に意味がある場合は欠損有無や欠損の個数といった特徴量を作成できます。そのため、安易に欠損値を埋めたり、除外したりせず、欠損している理由を業務部門に確認する方が良いでしょう。

精度が出ない、あるいは意図しない結果になるからと言って、加工するのは危険です。

COLUMN

ドメイン知識の活用

データ分析をする上で、ドメイン知識が必要だとよく言われます。データサイエンスプロジェクトの場合には、業務課題の把握や分析方針の設計、データ加工など、各ステップで活用できます。以下にデータ加工ステップでのドメイン知識の活用例を示します。
例えば小売業向けデータ分析において欠損値・異常値が発生するよくあるケースとして以下があります。

- ユーザー登録時に年齢や住所として故意に誤ったデータが入力されている
- データ項目を途中から違う用途に使いだした

別の例として、設備・機器に関するデータ分析では以下があります。

- マシンの不調により一時的にログが記録されなかった
- 何の要因もなくログが記録されていなかった

これらへの一般的な対処方法は以下になります。

- **データ誤入力：**対象ユーザーの削除、誕生日や郵便番号等から補正
- **データ項目の用途変更：**データ項目の削除、直近のみ利用
- **マシンの一時的なログ欠損：**故障等との因果関係がある可能性があるのでそのまま利用
- **ログの完全にランダムな欠損：**そのまま利用、もしくは補間する

これらの欠損値・異常値の理解、さらには対処方法の検討の際にドメイン知識が有用になります。ただし会社や業務によっては、全く別の理由で上記のような異常値・欠損値が発生している可能性もあるので、業務部門へのヒアリング結果を踏まえて加工方針を決めていきます。

3.6 ⑤データ分析・モデリング

次のステップでは、④で加工されたデータをインプットとして分析モデルを作成します（**図3.13**）。

図3.13 ⑤データ分析・モデリング

本ステップで考えるべきことは以下になります。

(a) 分析モデルの作成

(b) 分析モデルのチューニング

3.6.1 (a) 分析モデルの作成

プロジェクトのゴールやデータの特性などに合わせて適切な分析アルゴリズムを選択し、機械学習結果のアウトプットとなる「分析モデル」を作成します。場合によっては類似のアルゴリズムをいくつか試してみて比較することも必要です。

教師あり学習でよく使う分析手法は表3.2の通りです。最近では、精度面でも処理速度の面でも非常に優秀であり、欠損値を補間せずにモデリングできるなど使い勝手が良いLightGBMが多くの場合で使われています。

表 3.2 教師あり学習でよく使う分析手法

分類	分析手法	概要	よく使う OSS ライブラリ
数値解析	線形回帰	出力データ（正解ラベル）と入力データの組み合わせを学習し、未知のデータから連続値を予測します。	scikit-learn
	ロジスティック回帰	二値分類に用います。線形分類可能な問題に向いています。	scikit-learn
	サポートベクターマシン（SVM）	二値分類に用います。非線形な分類問題に向いています。	scikit-learn
	決定木	目的変数に影響する説明変数を見つけます。木構造のモデルによって分類します。	scikit-learn
	ランダムフォレスト	決定木を大量に生成し、多数決を取って予測します。	scikit-learn
	勾配ブースティング	決定木を大量に生成し、全ての予測の合計を使うことで、複雑な予測を可能にします。	LightGBM、xgboost
	ARIMA（autoregressive Integrated Moving average）モデル	時系列データにおいて、過去のデータから将来のデータを予測します。「自己回帰和分移動平均モデル」と呼ばれ、自己回帰モデル（AR モデル）、和分モデル（I モデル）、移動平均モデル（MA モデル）の 3 つのモデルを組み合わせたモデルです。	statsmodels
画像認識	Deep Learning	大量の画像データを入力として画像認識を行います。畳み込み層とプーリング層という 2 つのレイヤを持ったニューラルネットワークです。	TensorFlow、Keras、PyTorch

3.6.2 （b）分析モデルのチューニング

次に、分析モデルの精度を上げていくため、ハイパーパラメータ（学習を行う際に人間があらかじめ手動で設定するパラメータ）をチューニングしたり、新たな特徴量（説明変数）を生成して分析モデルに追加したりします。新たな特徴量は、元データの特徴量に変更を加えたり、複数の特徴量を組み合わせたりして作ります。一般に「特徴量エンジニアリング」と呼ばれ、以下の 2 つのアプローチがあります。

- **仮説ドリブン：**ドメイン知識を使って、売上に効くのはこういうときだからこういう特徴量を作る、機器の故障はこういうときに起こりやすいからそれを表す特徴量を作るなど、目的変数に影響を与えそうな特徴量の仮説を立てて作っていきます。業務部門にとって分かりやすい特徴量であり、精度に効く場合でも効かない場合でも価値があります。

- **データドリブン：**各手法を活用してインプットするデータの特性に合わせた特徴量を作り出していきます。カテゴリー変数をキーにして集約して特徴量を作ったり、カテゴリー変数をone-hotエンコーディングしたり、時系列データであれば時間をシフトさせたラグ特徴量を作ったりなど、さまざまな手法があります。なお、このアプローチで効く特徴量を見つけた場合は、業務部門に「業務的に納得がいく解釈ができるかどうか」を確認します。効く特徴量というのは、「実は気づいていなかっただけで解釈ができるもの」であることが大半です。

Know-how

一つの手法に拘らずに分析して、業務部門に説明する際に選別しよう

一つの手法で精度や相関が出ない場合でも、別の手法を試すことで結果が出る場合があります。工数に余裕があれば、複数の手法を用いて分析を行うと良いでしょう。

一方、業務部門にとっては「どのような分析を行ったか」よりも「どのような結果になったか」が重要です。そのため、報告する際は、全ての手法と結果を説明する必要はありません。まずは良い結果（精度が高いなど）が出たものを説明し、他の手法については必要に応じて提示するようにしましょう。

Know-how

分析作業で試行錯誤する場合には、パラメータは全て記録しよう

分析作業ではパラメータチューニングによる試行錯誤を行いますが、徐々に精度が良くなるとは限りません。試行錯誤を繰り返してしまうと、何が一番良い結果だったのか忘れてしまうこともあります。

そのため、試行錯誤した過程は全て記録し、後で戻れるようにしておくべきです。

Know-how

ハイパーパラメータのチューニングはほどほどにしよう

ハイパーパラメータのチューニングをすると学習時の精度は上がりますが、チューニングすればするほどそのデータに合わせたモデルになってしまいます。その結果、汎化性能が落ちてしまい、未知のデータでの精度が低下する恐れがあります。

業務への適用時に精度が落ちるという残念な結果にしないためには、チューニングするとしても数回程度に留めて、あまりやりすぎない方が良いでしょう。

Know-how

モデルを構築する際は、精度だけではなく業務への適用時の処理時間やメンテナンスコストも考慮しよう

大量の特徴量を用いたり、複数の分析モデルを作ってアンサンブル学習（複数の分析モデルを融合させて一つの分析モデルを生成する手法）したりすることで精度を上げることもできますが、複雑な分析モデルは推論にかかる処理時間が長くなりがちです。実際の適用環境や業務制約を踏まえて、1 件の推論あたりどのぐらいの時間をかけて良いか事前に検討し、それを満たすモデルを作成する必要があります。業務部門や IT 部門には、推論がバッチで良いのか、リアルタイムである必要があるのか、リアルタイムの場合には 1 件あたり何秒・何ミリ秒の応答が必要か確認しておくことが重要です。

また、モデルの品質を保つためにモデルを見直す際のメンテナンスコストも考慮して、汎化性能を保ちつつできるだけ簡単なモデルにした方が良いでしょう。

3.7 ⑥分析結果の考察

次のステップでは、⑤で作成した分析モデルを評価し、プロジェクトのゴールに対してどのような結果が得られたのかを説明します（**図 3.14**）。

図 3.14　⑥分析結果の考察

① 業務課題の把握（プロジェクト起案） → ② 分析方針の設計 → ③ データの理解・収集 → ④ データの加工 → ⑤ データ分析・モデリング → **⑥ 分析結果の考察** → ⑦ 業務への適用

流れとしては大きく以下の 2 つになります。

(a)　分析モデルの精度評価

(b)　分析結果の考察・説明

3.7.1 (a) 分析モデルの精度評価

作成した分析モデルの精度について評価します。評価方法として、ここでは教師あり学習のみを説明します。教師あり学習の中でも、回帰問題と分類問題では異なる評価指標を用います。

3.7.1.1 回帰問題の評価

回帰問題では次のような誤差を図る指標があります。これらの指標は業務課題や目的変数をもとに決めますが、一般的にはMAEまたはRMSEをよく使います。大きく外れるほどペナルティを大きくしたいならRMSEに、(大きく外すのも小さく外すのも違いはなく) 誤差の総量を評価したいならMAEにするなど、予測を外したときの業務への影響を考慮して決めていきます。

- **平均絶対誤差 (MAE : Mean Absolute Error)**

実際の値 (y_i) と予測値 ($\widehat{y_i}$) の差の絶対値を平均した指標です。MAEが小さいほど誤差が少ないことを示します。逆にMAEが大きいほど実際の値と予測値の誤差が大きいことを示します。

$$\mathrm{MAE} = \frac{1}{n}\sum_{i=1}^{n}|y_i - \widehat{y_i}|$$

- **平均二乗誤差 (MSE : Mean Squared Error)**

実際の値 (y_i) と予測値 ($\widehat{y_i}$) の差を二乗して平均した指標です。MAEに比べて大きな誤差が存在する場合に、より大きな値を示します。

$$\mathrm{MSE} = \frac{1}{n}\sum_{i=1}^{n}(y_i - \widehat{y_i})^2$$

- **平均二乗誤差の平方根 (RMSE : Root Mean Squared Error)**

MSEの平方根となる指標です。MSEの計算時に二乗したことの影響を平方根で補正したものです。

$$\mathrm{RMSE} = \sqrt{\frac{1}{n}\sum_{i=1}^{n}(y_i - \widehat{y_i})^2}$$

なお、MAE または RMSE などを用いて評価した誤差が小さいからと言って予測精度が良いとは限りません。さらに「過学習」になっているかどうかを検証し、必要に応じて対策を打ちます。過学習とは、学習データ（過去のデータ）にだけ非常によくあてはまり、未知のデータ（将来のデータ）の予測には全く対応できていない状態を指します（逆に、未知のデータにもよくあてはまるモデルのことを「汎化性能が高いモデル」と言います）。

過学習になっているかどうかの検証は「交差検証（CV：Cross Validation）」で行います。

- **交差検証（CV：Cross Validation）**

入力データを学習用に使う「学習用データ」とモデルを評価するための「検証用データ」の 2 つに分けて検証を行います。よく使われる手法として「K- 分割交差検証（K-Fold Cross Validation）」があります。この手法では、データを K 個に分割して、そのうち 1 つを検証用データとし、残りの K-1 個を学習用データとして評価を行います。この学習を、K 個のデータ全てが 1 回ずつ検証用データになるように K 回行って、精度の平均を取ります。交差検証を行うことにより、未知のデータに対してよくあてはまるかどうか検証することができます（**図 3.15**）。

図 3.15 K- 分割交差検証

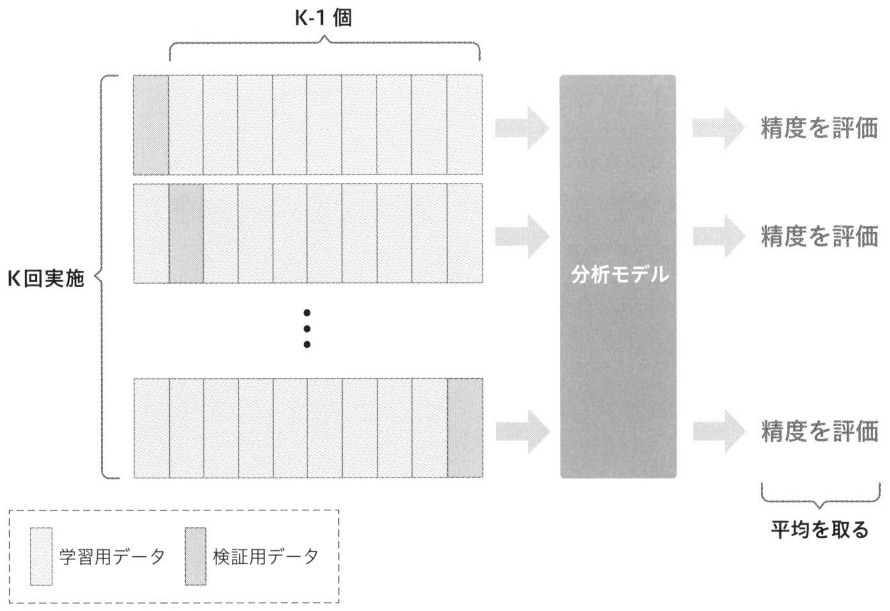

なお、過学習を起こしていた場合は、対策が必要です。主な対策方法としては、学習データの量を増やす、ハイパーパラメータを調整する、正則化を実施する、などがあります。

3.7.1.2 分類問題の評価

ここでは、二値分類の精度評価方法について説明します。

二値分類の精度評価では、まず予測結果を4つに分類する「混同行列（Confusion Matrix）」を用います。混同行列は、Negative（0）とPositive（1）の二値に分類した場合、予測したPositiveのうち何個が正しくPositiveと判定され、何個が誤ってNegativeと判定されたのか、逆に予測したNegativeのうち何個が正しくNegativeと判定され、何個が誤ってPositiveと判定されたのかを分かりやすくまとめたクロス集計表です。混同行列により、正しく予測できた数と誤って予測した数を定量化することができます（**表3.3**）。

表3.3 混同行列（Confusion Matrix）

		予測結果	
		Positive	Negative
正解ラベル	Positive	TP（True Positive、真陽性）	FN（False Negative、偽陰性）
	Negative	FP（False Positive、偽陽性）	TN（True Negative、真陰性）

- **TP（True Positive、真陽性）：** Positiveと予測して正解ラベルもPositiveだった場合
- **FP（False Positive、偽陽性）：** Positiveと予測して正解ラベルはNegativeだった場合
- **TN（True Negative、真陰性）：** Negativeと予測して正解ラベルもNegativeだった場合
- **FN（False Negative、偽陰性）：** Negativeと予測して正解ラベルはPositiveだった場合

なお二値分類の場合、分析結果は0～1の間に入り、閾値によってPositive／Negativeのどちらかに判定しています。そこでPositive／Negativeと判断する閾値（しきいち）を動かすと、TP／FP／FN／TNのそれぞれの数が変わります（**図3.16**）。

図 3.16 Positive/Negative の閾値

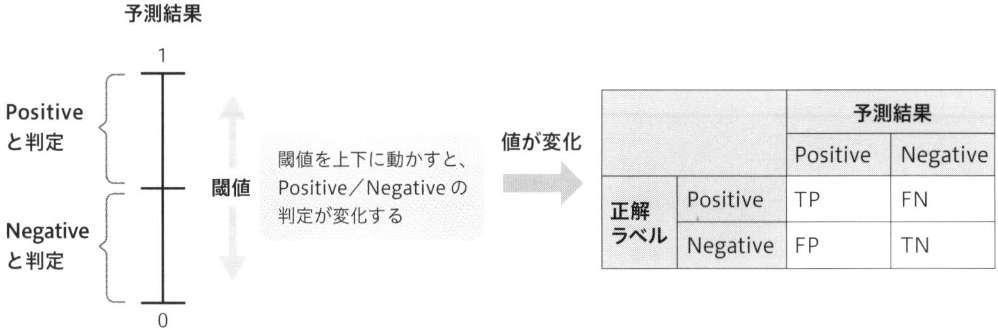

予測結果

1

Positive と判定

閾値

Negative と判定

0

閾値を上下に動かすと、Positive／Negative の判定が変化する

値が変化

		予測結果	
		Positive	Negative
正解ラベル	Positive	TP	FN
	Negative	FP	TN

この閾値の移動による TP ／ FP ／ FN ／ TN の変化を利用した評価指標が AUC（Area Under the Curve）です。AUC を用いて二値分類の精度を評価します。

AUC を計算するにはまず ROC（Receiver Operating Characteristic）曲線を描きます。ROC は縦軸に TPR（True Positive Rate、真陽性率）、横軸に FPR（False Positive Rate、偽陽性率）の割合をプロットします。AUC はその曲線の下の部分の面積を指します。AUC の面積が大きいほど（1 に近づくほど）良いモデルだとされています。面積が大きいということは、Positive と予測すべきものは Positive、Negative と予測すべきものは Negative と予測できている状態になります（**図 3.17**）。

図 3.17 ROC 曲線と AUC

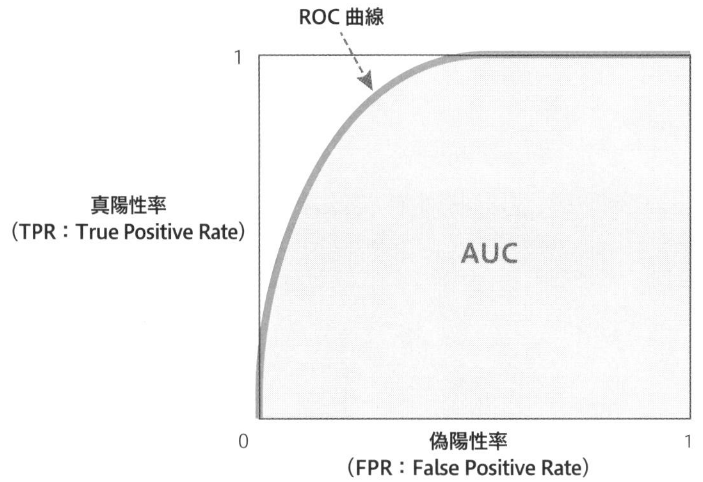

3.7.2 (b) 分析結果の考察・説明

分析結果について考察し、業務部門に説明します。まず、当初の目標値に対してどこまで到達したのかを示します。

もし到達できていない場合には、何が要因なのかを考察します。例えば、データの種類や量、品質の問題で思ったほど精度が出ない場合があります。その場合は、データを取り直すなど、今後の改善策を提示すべきです。

また、当初の目標値をクリアしていた場合には、この分析モデルをどう業務に活用できるかを示します。

Know-how

業務部門の「データサイエンスの理解度」に合わせた報告をしよう

業務部門が統計に関する知識を持っているかどうかは、業務部門の体制次第であり、ほとんど誰も知識がないという場合も多く見られます。そういう状況で、定例会や報告会の中で統計用語を使っても、何も伝わりません。

相手に合わせて説明のレベルを変え、業務部門の目線で見た時の分かりやすさ・理解しやすさを重視しましょう。

Know-how

データサイエンスの知見がある担当者にはきちんと説明しよう

業務部門の担当者に統計に関する知識がない場合もありますが、特定のキーマンとなる方が興味を持って統計の勉強をしていることも増えています。その場合、業務部門のメンバーからキーマンに対して「どう思う？」と質問して確認することもあります。

それゆえ、キーマンとは別途、時間をとって繰り返し詳細な技術説明をすることにより、お互いの理解が深まり、分析結果に対する信頼度が増します。

Know-how

プロジェクトの評価軸は常に認識をすり合わせるようにしよう

データサイエンスチームが認識している評価軸と業務部門が認識している評価軸が異なる、あるいは途中でずれていってしまうことがあります。そういった場合には、データ分析の結果を報告しても「思っていた結果と違う」となりかねません。それゆえ、定例会などの場でプロジェクトのゴールを都度、再確認し、ブレないように進めることが重要です。

分析の精度について、業務部門は 100% に近い精度を望む傾向があり、現状の精度が 75 〜 79% なら 80% 以上、85% 〜 89%なら 90%以上をめざそうという議論をしがちです。

精度を上げるためには、データ加工の見直しや分析モデルの再作成・再検証など、手間と時間がかかり、数 % の精度向上のための作業に追われることもあります。まずは、「②分析方針の設計」のステップできちんと評価方法や精度について業務部門と合意し、プロジェクトの途中で変わることがあればきちんと議論して決めることが重要です。

Know-how

計算ミスをしてしまった場合には迅速かつ誠実に対応しよう

データ分析において、多くの場合、計算ミスの有無は業務部門には分かりません。しかし、自分で計算ミスに気づいた場合には、すぐにプロジェクトのチームメンバーと共有し、どこを間違えたのか、なぜ間違えたのか、影響範囲はどこまでか、今後のリカバリーや再発防止策まで議論し、速やかに業務部門に報告することが重要です。

誠実な対応を取ることが、結局は業務部門からの信頼を得ることに繋がります。

COLUMN

ミスについて

どんな作業にも間違いはつきものであり、分析においても当然起こりえます。
大別すると、

- 分析設計の間違い
- データの把握の間違い
- 集計の間違い
- 報告書への記載間違い

があります。これらの間違いの要因としては、スキル・知識・経験不足によるものや単純な不注意によるものがあります。
分析設計の間違いの例としては、時系列データなのに推論時に取得できないデータ項目を使ってしまうというケースがあります。1ヶ月先の需要予測をしたいのに、当日にならないと知りえない当日の時間別の天候・気温をインプットデータとして設計してしまった、という場合が相当します。1ヶ月前に取得できる予報データであれば問題ありませんが、そうでなければ、実際にはデータがないので予測できないという事態になります。
またデータ把握の間違いとしては、目的変数が本来の業務課題とずれているというケースがあります。これは根本からのやり直しになるため致命的です。
一方、集計や報告書記載ミスも意外と起こりえます。データ処理自体はスクリプトなどを使うため、複数人でのチェックも可能です。しかし、そこでチェックしたとしても、分析結果をExcelやPowerPointに手動で書き写す場合に記載ミスが起こりえます。また、Excelに貼り付けてから数式や関数を使って二次加工するときに、範囲指定ミスやリンク先指定ミスなどが起こることがあります。
これらのミスをどうやって防いでいくかは重要な課題です。例えば、チーム内の作業プロセスの中に複数人がチェックできるような対策を入れておきましょう。

3.8 ⑦業務への適用

最後のステップとして、⑥による分析モデルの評価結果が良ければ、業務への適用・組込を行います（**図3.18**）。

図3.18 ⑦業務への適用

① 業務課題の把握（プロジェクト起案） → ② 分析方針の設計 → ③ データの理解・収集 → ④ データの加工 → ⑤ データ分析・モデリング → ⑥ 分析結果の考察 → **⑦ 業務への適用**

要因分析など一回限りの分析であれば、その結果を踏まえて業務を見直してもらい、施策を実行してその効果を確認します。

需要予測など業務の中で継続的に使う分析モデルであれば、分析モデルを動かすための本番システムを構築します。IT 部門の中でオンプレミスなシステムを構築する場合もあれば、パブリッククラウドを活用して構築する場合もあります。

実際の業務で継続的に運用していく場合には、学習時と同じ精度がずっと出せるとは限りません。データの変化によって精度が劣化していくことも当然あります。それゆえ、分析モデルの精度を監視し続け、精度が下がってきた場合には再学習するなどの対策が必要となります。

分野別に学ぶ データサイエンス

4.1 はじめに

ここまではデータサイエンティストのタイプ、心構え、データサイエンスプロジェクトの進め方について述べてきました。さて、みなさんはどのようなデータサイエンティストのタイプだったでしょうか？ 本章では、データサイエンスの分析カテゴリーごとに、分析方針の設計から、データの加工、データ分析・モデリング、分析結果の考察、業務への適用までの一連の流れをご紹介します。ぜひ、プロジェクト担当者になったつもりで読み進めてみてください。

本章でご紹介する分析カテゴリーは**表4.1**の通りです。それぞれの進め方や分析手法に加え、データサイエンティストの気づきなどについて説明していきます。

表4.1 プロジェクト概要

節	分析カテゴリー	主な業種・業務	本書で利用する主要なライブラリ
4.2	数値解析（予測）	小売業・金融など（マーケティング）	LightGBM
4.3	数値解析（予兆検知）	社会インフラ・製造（製造検査、製品・インフラ保守）	scikit-learn（GMM）
4.4	数値解析（要因解析）		bnlearn
4.5	画像解析（目視確認代替）		TensorFlow
4.6	テキスト解析（文書分類）	公共・教育・コールセンター（問い合わせ対応）	Transformers（BERT）
4.7	数理最適化（生産計画最適化）	製造業など（計画作成）	PuLP

本章では実際のPythonのソースコードを使って分析内容を説明します。ソースコードは、リックテレコム社のサイトからダウンロードできます。ダウンロードの方法については、本書冒頭のiiページをご参照ください。

なお追体験して頂くためには、以下の環境構築を行う必要があります。すでにPython環境を構築している方は以下の手順を行う必要はありません。

まずはAnaconda（https://www.anaconda.com/products/individual）をインストールしましょう。インストールしたAnacondaの中からAnaconda Navigatorを起動してください（**図4.1**）。

図 4.1　Anaconda Navigator

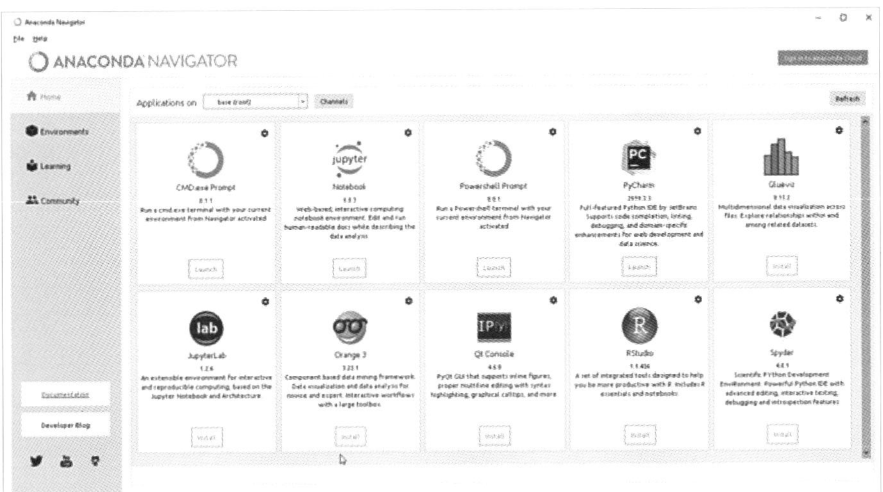

次に、JupyterLab のインストールメニューがあるので実行してください。JupyterLab は Web ブラウザ上でコードをインタラクティブに実行できる環境です。試行錯誤しながらデータ分析を行う際にとても便利なツールです（**図 4.2**）。

図 4.2　JupyterLab 起動画面

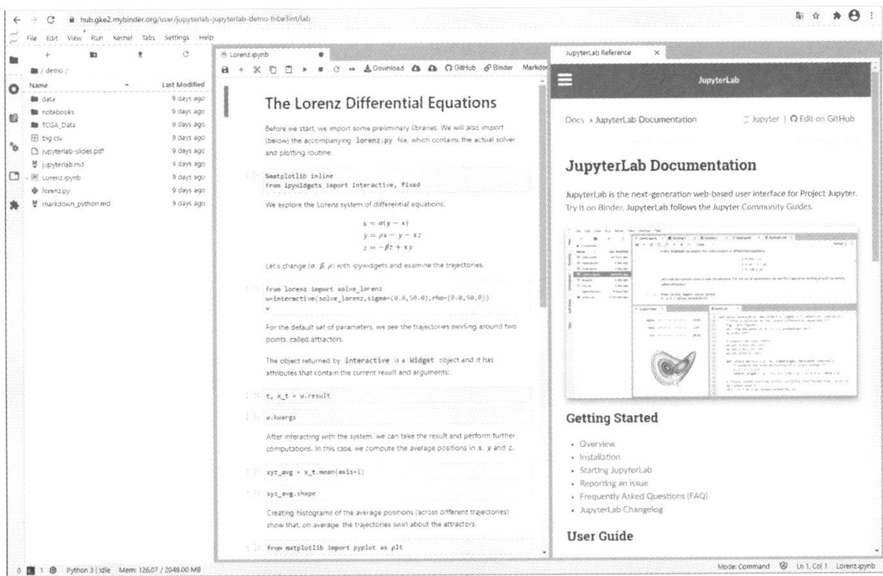

出典：https://jupyterlab.readthedocs.io/en/stable/

以上で環境構築は完了です。以降は JupyterLab 上でサンプルコードを実行してみてください。ただし、各手法に必要な Python ライブラリは異なりますので、節ごとに必要なライブラリをインストールしてください。

なお、本書においてこれから解説するサンプルプログラムは、**表 4.2** に示すライブラリのバージョンにて動作確認を行っております。

表 4.2 ライブラリのバージョン一覧

ライブラリ名	バージョン
bnlearn	0.3.15
lightgbm	3.1.1
matplotlib	3.3.4
mecab-python-windows	0.996.3
numpy	1.19.2
pandas	1.1.3
pulp	2
scikit-learn	0.23.2
seaborn	0.11.0
tensorboard	2.3.0
tensorflow	2.1.0
torch	1.7.1
transformers	2.5.1
zenhan	0.5.2

また、ライブラリのバージョンを合わせる際には、次のコマンドを実行してください。

```
pip install <ライブラリ名>==<バージョン番号>
```

4.2 数値解析（予測）

本節では、テーブルデータ（数値データ）を対象にした分析について説明します。主な分野として、小売業、銀行、保険、証券などが挙げられます。なお、数値解析には「予測」「要因分析」「クラスタリング」などの種類がありますが、本節では「予測」を対象としています。

4.2.1 目的変数の例

数値解析（予測）に関する目的変数として、**表 4.3** のようなものがあります。これらは3章で説明した手順・考え方をベースとして、業務課題ごとに設定するものです。

大別すると、商品販売数などの「数値」を目的変数とするものと、商品購買有無などの「分類」を目的変数とするものがあります。前者は「教師あり学習」の「回帰問題」、後者は「教師あり学習」の「分類問題」として解くことができます。

表 4.3 分野ごとの目的変数の例

分野	業務課題	業務 KPI	目的変数
小売業	• クーポン配信による売上向上 • 需要予測による発注管理	• 売上金額の向上 • 廃棄ロス削減	【分類問題】 • クーポン反応有無 【回帰問題】 • 商品販売数
銀行	• 金融商品の販売促進 • ATM 現金補填回数の削減	• 販売件数の向上 • 現金補填回数の削減	【分類問題】 • 商品購入有無 【回帰問題】 • 1 日の券種ごとの引き下ろし枚数
保険	• 営業成績のアップ • コールセンターのコスト削減	• 成約件数の向上 • オペレータの最適配置	【分類問題】 • 顧客の成約有無 【回帰問題】 • 1 日あたりの受電件数
証券	• 株価の売買による収益向上 • 証券・株の売買手数料向上	• 株価売買による利益 • 売買件数の向上	【分類問題】 • 売買の取引有無 【回帰問題】 • 銘柄の株価

本節では､｢教師あり学習｣の｢回帰問題｣学習用について説明します。さらにそのうち､データの加工､データ分析･モデリング､および分析モデルの精度評価にフォーカスして説明します。

なお、小売業の「商品販売数」予測でも、保険コールセンターの「1 日あたりの受電件数」予測などでも、同様の進め方ができるため、ここでは独自に作成したサンプルデータを利用して説明します。

学習用データのイメージを**表 4.4** に、テスト用データのイメージを**表 4.5** に示します。カラムは「col1」｢col2」……「col20」としており、全て数値データとします。たとえば、商品販売数予測の場合には､｢target」は「当月の商品販売数」に､｢col1」｢col2」…「col20」は「先月の来店客数」｢先月の販売数」｢直近 3 ヶ月の平均販売数」などになります。

表 4.4　学習用データテーブルのイメージ

id	col1	col2	col3	…	col20	target
0						
1						
2						
3						
4						
5						
6						
……						
99999						

表 4.5　テスト用データテーブルのイメージ

id	col1	col2	col3	…	col20	target
100000						
100001						
100002						
100003						
100004						
100005						
100006						
……						
120000						

表 4.4 の学習用データを使って分析モデル（学習済みモデル）を作成し、**表 4.5** のテスト用データを使って「target」カラムの値を予測します。通常は、生データを入力として業務の

ドメイン知識や仮説をもとに特徴量エンジニアリングを行い、説明変数（特徴量）を加工・生成する必要があります。例えば、POSデータを入力にして先月の販売件数を合計して「先月の販売数」を作成したり、直近3ヶ月の販売件数の平均値を算出して「直近3ヶ月の平均販売数」を作成したりすることで特徴量を生成します。この例では、特徴量までは作成済みとして話を進めます。またデータ分析・モデリングにはLightGBMを使うものとします。

4.2.2 データの加工

ここでは入力ファイルの読み込みと、データ加工を行います。

まずは準備として、処理に必要なライブラリをインポートします。可視化用のライブラリとしてmatplotlibとseaborn、データ分析・モデリング用のライブラリとしてLightGBMとscikit-learnを利用します。

```
# ライブラリのインポート
import numpy as np
import pandas as pd
# 可視化用のライブラリ
import matplotlib.pyplot as plt
import seaborn as sns
# モデリング用のライブラリ
import lightgbm as lgb
from sklearn.metrics import mean_squared_error
```

次に、こちらで用意したサンプルファイル（表4.8のテーブルデータ、CSV形式のファイル）を読み込みます。このファイルは、説明変数がcol1 〜 col20、目的変数はtargetというカラム名になっています。ファイル読み込み後に、目的変数と説明変数に分離します。これはモデル学習時に目的変数と説明変数を別々にモデルに渡すためです。

```
# ファイルの読み込み
df_train = pd.read_csv("chapter42_data_train.csv")
print(df_train.shape)
# 目的変数と説明変数の分離
x, y = df_train.drop(columns=["target"]), df_train["target"]
```

出力結果

```
(100000, 22)
```

4.2.3 データ分析・モデリング、および分析モデルの精度評価

次にモデルの学習を行います。ここで注意するのは汎化性能の高いモデルを作ることです。学習データに適合しすぎて過学習の状態になると、未知のデータに適用した場合に精度が出ないことがあります。そうならないように学習することが必要です。

そのためには、学習データを用いた精度評価を行うことが重要です（詳細は 3.7.1 節を参照）。一番簡単な方法として、hold-out 検証という方法があります。学習用データを学習用と検証用に分離して、学習用データで分析モデルを作成し、検証用データで精度を評価するというものです。この方法を用いて、作成した分析モデルの精度を検証用データで判断することで、過学習の抑制と分析モデルの精度の把握ができます。

まずは学習用と検証用としてデータを 8:2 に分離します。ここでは単純に 10 万件のデータの先頭から 8 万件を学習用、残りの 2 万件を検証用とします。

```
# データを 8:2 に分割
idx_train = x.index[:80000]
idx_valid = x.index[80000:]
x_train, y_train = x.loc[idx_train, :], y[idx_train]
x_valid, y_valid = x.loc[idx_valid, :], y[idx_valid]
print(x_train.shape, y_train.shape)
print(x_valid.shape, y_valid.shape)
```

出力結果

```
(80000, 20) (80000,)
(20000, 20) (20000,)
```

次に、モデルを定義します。LightGBM ではハイパーパラメータがいくつかあるので、指定します。今回は回帰問題なので、目的関数（objective）は「regression_l2」に設定しています。

```
# モデルの定義
params = {
    'boosting_type': 'gbdt',
    'objective': 'regression_l2',
    'learning_rate': 0.01,
    'metric': 'rmse',
    'n_estimators': 10000,
    'num_leaves': 16,
    'max_depth': -1,
    'colsample_bytree': 0.8,
    'subsample': 0.9,
    'random_state': 123,
}
model = lgb.LGBMRegressor(**params)
```

学習用データを用いたモデル学習を行います。eval_set と early_stopping_rounds を設定することで、学習用データでの学習と検証用データでの評価を繰り返します。検証用データ（valid）の評価値が 100 回連続で改善しなかったら自動的に学習が停止するようにしています。

```
# モデルの学習
model.fit(
    x_train, y_train,
    eval_set=[(x_train, y_train), (x_valid, y_valid)],
    early_stopping_rounds=100,
    verbose=200,
)
```

出力結果

```
Training until validation scores don't improve for 100 rounds
[200] training's rmse: 8.75969 valid_1's rmse: 8.77299
[400] training's rmse: 6.43407 valid_1's rmse: 6.53565
[600] training's rmse: 5.50196 valid_1's rmse: 5.65266
[800] training's rmse: 5.15 valid_1's rmse: 5.33069
[1000] training's rmse: 5.01182 valid_1's rmse: 5.21081
```

```
[1200] training's rmse: 4.95187 valid_1's rmse: 5.16393
[1400] training's rmse: 4.92111 valid_1's rmse: 5.14446
[1600] training's rmse: 4.90118 valid_1's rmse: 5.13817
[1800] training's rmse: 4.88544 valid_1's rmse: 5.13571
[2000] training's rmse: 4.87156 valid_1's rmse: 5.13442
[2200] training's rmse: 4.85818 valid_1's rmse: 5.1339
Early stopping, best iteration is:
[2188] training's rmse: 4.85898
valid_1's rmse: 5.13384
```

学習したモデルを用いて、学習用データ（x_train）の予測値を算出し、正解データであるy_trainとの誤差からRMSE（詳細は3.7.1節にて説明）を算出します。同様にして検証用データ（x_valid）についても評価値を算出します。未知のデータに適用した場合には、検証用データでの評価値と同程度になることが期待されます。

```
# 学習したモデルを用いて、予測値を算出
y_train_pred = model.predict(x_train)
y_valid_pred = model.predict(x_valid)
# 評価値(rmse)を算出
metric_train = np.sqrt(mean_squared_error(y_train, y_train_pred))
metric_valid = np.sqrt(mean_squared_error(y_valid, y_valid_pred))
print("[rmse] train:{:.04f}, valid:{:.04f}".format(metric_train, metric_valid))
```

出力結果

```
[rmse] train:4.8590, valid:5.1338
```

また、モデルではどの特徴量が寄与していたかを確認します（**図 4.3**）。この例ではcol17の重要度が最も大きくなっています。試行錯誤の過程では、重要度を見て、重要度下位の特徴量を削除したり、重要度上位の特徴量を参考にして派生するような特徴量を作成したりして、精度の改善を図ります。

また、ある特徴量の重要度が他と比べて異様に大きくなるケースもあります。単純にそれだけ影響力が大きい特徴量であるケースもありますが、リークしている（特徴量に答えの情報が含まれている）場合もありますので、リークの可能性を疑って調査し、リークであれば修正す

ることが必要です。

```
# 説明変数の重要度を保存する
df_imp = pd.DataFrame({"col": x_train.columns, "imp": model.feature_importances_})
df_imp.sort_values("imp", ascending=False, ignore_index=True)[:10]
```

図 4.3　説明変数の重要度（出力結果）

	col	imp
0	col17	4022
1	col14	3781
2	col18	3762
3	col4	3728
4	col15	2939
5	col20	2866
6	col3	2718
7	col19	2113
8	col10	829
9	col2	655

ここから先は、運用フェーズをイメージして、データを読み込んで、そのデータに対する予測値を算出する方法を説明します。

まずはテスト用データ（chapter42_data_test_feature.csv）を読み込みます。また、本書ではこのあと答え合わせを実施して実運用におけるモデルの有用性を確認するため、答えとなる実績値のデータ（chapter42_data_test_target.csv）もこの時点で読み込んでいます。

```
x_test = pd.read_csv("chapter42_data_test_feature.csv")
y_test = pd.read_csv("chapter42_data_test_target.csv")
print(x_test.shape, y_test.shape)
```

出力結果

```
(20000, 21) (20000, 1)
```

学習したモデルにテスト用データを入力して予測を行います。

```
y_test_pred = model.predict(x_test)
```

今回は実績値も用意しているので、この予測値がどの程度正しく予測できているのかを評価します。

```
print("rmse: {:.4f}".format(
    np.sqrt(mean_squared_error(y_test, y_test_pred)),
))
```

学習時と同じように誤差を計算すると、学習時の誤差は 5.1338 だったのに対し、テスト用データでは 5.0898 でした。未知のデータに対しても、ほぼ同程度の精度が出ていることが確認できました。

出力結果

```
rmse: 5.0898
```

最後に、予測値と実績値の散布図を描いて、どの程度誤差があるのかを可視化します（**図 4.4**）。

```
fig = plt.figure(figsize=(14, 6))
fig.add_subplot(1, 2, 1)
plt.title("valid")
sns.scatterplot(x=y_valid, y=y_valid_pred)
plt.xlim(-5, 120)
plt.ylim(-5, 120)
plt.xlabel("true")
plt.ylabel("pred")
plt.grid()
fig.add_subplot(1, 2, 2)
plt.title("test")
sns.scatterplot(x=y_test["target"], y=y_test_pred)
plt.xlim(-5, 120)
plt.ylim(-5, 120)
plt.xlabel("true")
plt.ylabel("pred")
plt.grid()
```

図 4.4　予測値と実績値の散布図（出力結果）

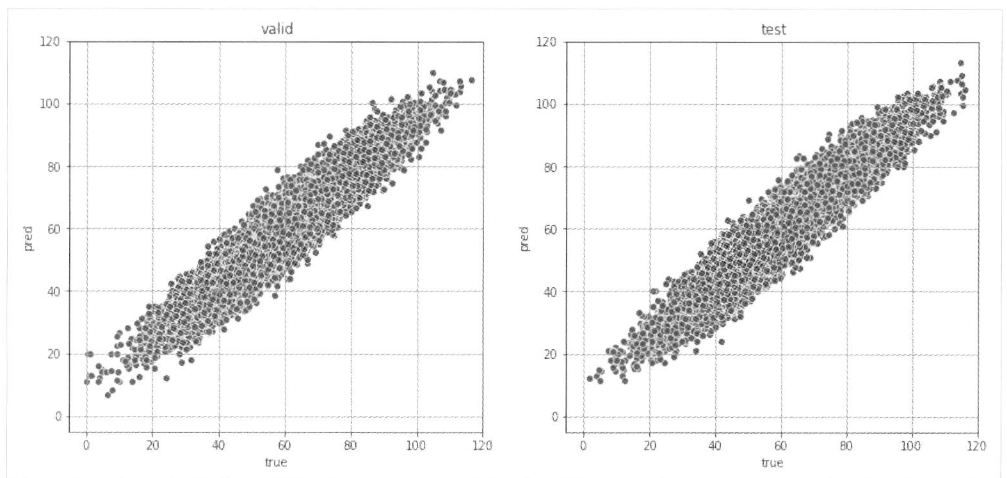

左が検証用データでの散布図で、右がテスト用データでの散布図です。誤差がない場合は対角線上に一直線になり、誤差が大きくなるほど上下にずれます。例えば60付近ではいずれも±20くらいの誤差の幅があることが確認できます。最大でこのくらいの誤差が発生するモデルであることが分かります。

サンプルコードでは説明を簡単にするためにhold-out検証を使ってモデル学習を行いました。実業務では、より精度と汎化性能の高いモデルを作るために、3.7.1節で説明した交差検証という方法を使うことが多いでしょう。交差検証を用いた場合のサンプルコードも用意したので、ホームページからダウンロードして動かしてみてください。

4.3 数値解析（予兆検知）

本節では、テーブルデータを対象にした数値解析の1つである予兆検知について説明します。主な適用先としては、機器や社会インフラ設備などの稼働情報（センサーデータ）を分析し、「故障の予兆」を見つけるケースがあります。適用技術の例として、GMM（Gausian Mixture Model：混合ガウス分布）を用いて説明します。

4.3.1 目的変数の例

予兆検知に関する目的変数としては**表 4.6** のようなものがあります。これらは 3 章で説明した手順・考え方をベースとして業務課題ごとに設定します。

表 4.6　分野ごとの目的変数の例

分野	活用シーン	業務 KPI	目的変数
製造業 社会インフラ IT・ネットワーク	● 設備・機器の故障抑制 ● 定期点検の削減 ● IT インフラの故障の抑制	● 故障抑制回数 ● 緊急出動回数 ● 点検回数 など	故障有無
証券	● 証券取引	● 不正取引回数 など	取引回数 不正取引有無

機器や社会インフラ設備などの保守のために、定期的に検査を行ったり、故障前に部品を交換したりするなど各種取り組みが行われています。しかし、このような努力にもかかわらず、故障が発生してしまうことがあり、さまざまな業種･業務において大きな課題となっています。

近年、IoT 技術の発展により、機器や設備からさまざまな稼働データを取得できるようになりました。そして 5G などネットワーク技術も発展し、ネットワーク経由で稼働データを集められるようになり､その集めたデータを分析できるようになりました｡こういったデータを使って、予兆検知の分析は発展してきており、機器や設備の保守だけではなく、IT インフラの異常予兆検知、証券取引における不正取引の予兆検知などにも活用されています。

さまざまな分野で活用できる予兆検知の分析で、業務 KPI は多岐にわたりますが、目的変数としては故障有無や取引回数、不正取引有無などが使われます。このように予兆検知では正常・故障の教師データを収集して「教師あり学習」を行うアプローチもあります。ただ、実際には、正常データは大量に収集できますが故障データはほとんどないというケースもあり､「教師なし学習」のアプローチを使うこともあります。本節では後者のアプローチを例にして説明します。

4.3.2 分析方針の設計

本節では、予兆検知手法の 1 つとして、「教師なし学習」の「クラスタリング」による異常度算出について説明します。さらにそのうち、データの加工、データ分析・モデリング、および分析モデルの精度評価にフォーカスして説明します。

なお､社会インフラ設備の｢故障予兆検知｣でも､ITインフラ･ネットワークの｢故障予兆検知｣などでも同様の進め方ができるため、ここでは独自に作成したサンプルデータを利用して説明します。

データのイメージは､｢sensor1｣｢sensor2｣｢sensor3｣というカラムを持つテーブルデータで、値は全て数値データです（**表 4.7**）。このデータはセンサーから得られた生データを想定しています。例えば、温度や圧力、電流・電圧などです。

こういったセンサーの生データから、機械や業務のドメイン知識や仮説をもとに特徴量エンジニアリングを行い、説明変数（特徴量）を加工・生成することもあります。この例では、センサーの生データを、そのまま入力値として扱うことで話を進めます。またデータ分析・モデリングにはGMMを使用します（**図 4.5**）。GMMは、機器の複数の正常状態に対応する分布を推定して、データの出現確率を算出し、データの出現のしやすさを基に特徴度（異常度）を算出するアルゴリズムです。起動直後や安定稼働、停止処理中の状態など機器の異なる正常状態のデータを考慮できるため、さまざまな機器・社会インフラ設備の稼働情報(センサーデータ)に適用できる分析技術といえます。

表 4.7　分析用データテーブルのイメージ

datetime	sensor1	sensor2	sensor3
2021-01-14 00:00:00	0.28…	1273.87…	383.05…
2021-01-14 00:15:00	0.26…	1473.36…	416.96…
2021-01-14 00:30:00	0.24…	1929.38…	498.38…
……	……	……	……
……	……	……	……
……	……	……	……
……	……	……	……
……	……	……	……
……	……	……	……

図 4.5　GMMによる分析のイメージ

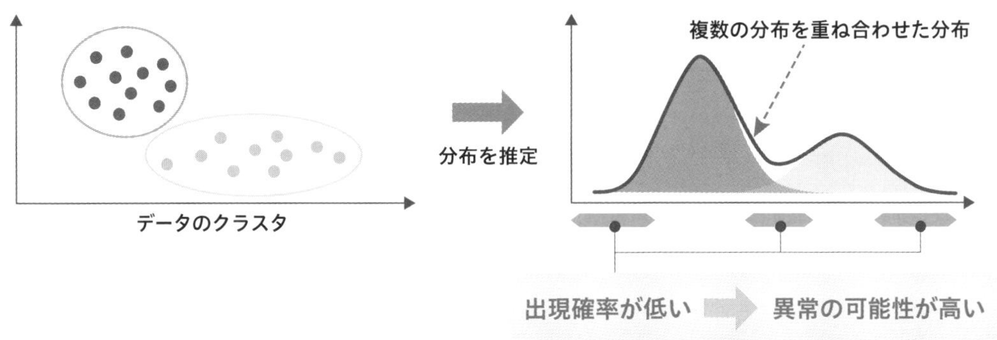

4.3.3 データの加工

データの読み込み·加工について説明します。入力データは、作成済みの説明変数（特徴量）または機器の稼働データそのものとしているので、ここではファイルの読み込みと分析対象カラムの限定というシンプルな作業を行います。

まずは準備として処理に必要なライブラリをインポートします。可視化用のライブラリとして matplotlib、データ分析・モデリング用のライブラリとして scikit-learn を利用します。

```
import pandas as pd
import numpy as np
from sklearn import mixture
import matplotlib.pyplot as plt
import os
import collections
```

次に入力ファイルの準備を行います。入力データとしては、正常データと異常データが分かれたCSVファイルを想定しています。また入力ファイルに含まれるデータのうち、分析に使用するカラムを設定します。今回の場合、datetimeカラムは日時情報を表しており、機器の正常·異常状態に関係がないため、分析の対象をsensor1、sensor2、sensor3カラムに限定しています。

```
#--- 入力ファイルが置かれたディレクトリ ---
input_dir_path = "./"

# 正常データ
normal_data_file_name = "正常データ.csv"
normal_data_file_path = os.path.join(input_dir_path, normal_data_file_name)

# 異常データ
anomaly_data_file_name = "異常データ.csv"
anomaly_data_file_path = os.path.join(input_dir_path, anomaly_data_file_name)

#--- 出力ファイル ---
output_dir_path = input_dir_path
output_anomaly_measure_file_name = "anomaly_measure.csv"
output_anomaly_measure_file_path = os.path.join(output_dir_path, output_anomaly_measure_
file_name)
output_cluster_file_name = "cluster_data_num.csv"
output_cluster_file_path = os.path.join(output_dir_path, output_cluster_file_name)

#--- 利用するカラム ---
use_column_list = ["sensor1", "sensor2", "sensor3"]
```

正常データと異常データの分け方のイメージを**図 4.6** に示します。故障の影響が稼働データに出ていない時期のデータを正常データとして定義し、異常予兆として検知したい時期のデータを異常データとして定義します。

正常データから異常データの間の期間を過渡期データとして、今回は分析対象外としています。これは、分析前は故障傾向のデータがいつから発生していたか分からないので、正常として学習させるデータからは除外するためです。

図 4.6　正常データと異常データの分け方のイメージ

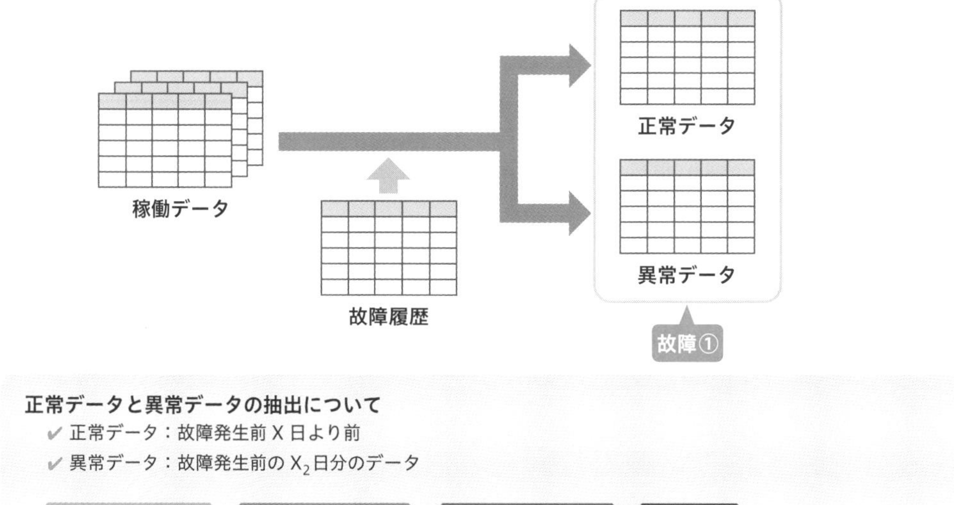

データ加工として、正常データと異常データのファイルを読み込み、その中で対象とするカラムを限定しつつ、正常データを学習データに、異常データを検証用データにします。

```
# 正常データ
normal_df = pd.read_csv(normal_data_file_path, encoding="sjis", engine='python')
print ("read normal data: " + str(normal_df.shape))

# 異常データ
anomaly_df = pd.read_csv(anomaly_data_file_path, encoding="sjis", engine='python')
print ("read anomaly data: " + str(anomaly_df.shape))

# 学習データ・検証データ
train_data = pd.concat([normal_df.loc[:, use_column_list], anomaly_df.loc[:, use_column_list]])
test_normal_data = normal_df.loc[:, use_column_list]
test_anomaly_data = anomaly_df.loc[:, use_column_list]
```

出力結果

```
read normal data: (960, 4)
read anomaly data: (192, 4)
```

ここで、正常データと異常データの可視化を行います（図 4.7 と図 4.8）。正常データと異常データの、それぞれのカラムが時系列にどのように変化しているのかを把握しておくことは非常に重要です。今回は、正常データ数が異常データ数の 5 倍となっているため、図の大きさを調整しています。また、正常データと異常データについて pandas で簡単に可視化しているため、y 軸の範囲が少し異なることに注意してください。グラフを見る際には、範囲を意識してみることで同じような形のグラフでも少し違うことに気づくことができます。

```
#正常データの描画
test_normal_data.plot(subplots=True, figsize=(20, 8))
```

図 4.7　正常データのグラフ（出力結果）

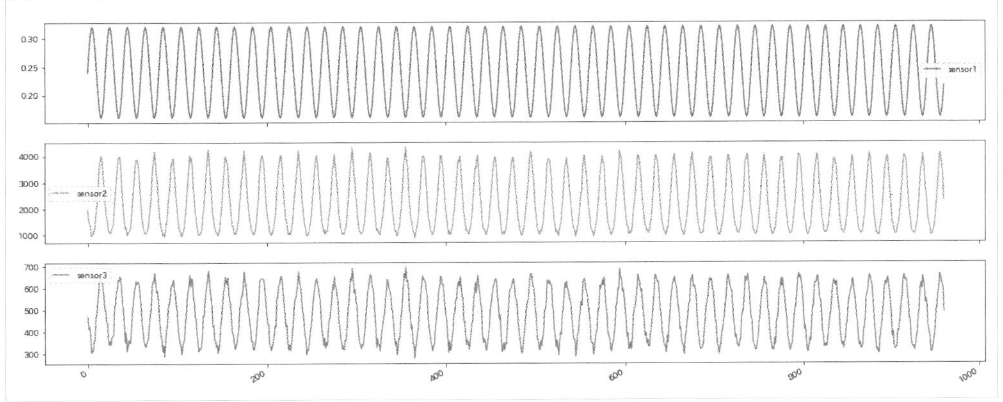


```
#異常データの描画
test_anomaly_data.plot(subplots=True, figsize=(3, 5))
```

図 4.8　異常データのグラフ（出力結果）

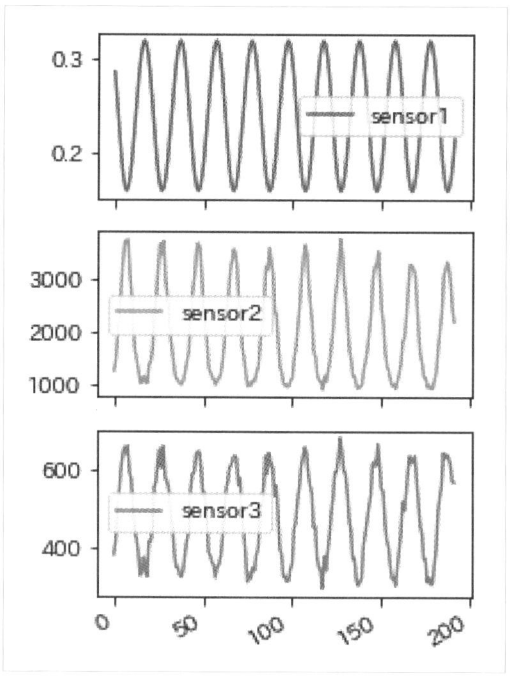

4.3.4 データ分析・モデリング、および分析モデルの精度評価

次に、モデルの構築について説明します。クラスタ数としては「5」を指定します。機器や設備の情報から適切なクラスタ数が自明な場合は固定的に指定することもありますが、適切なクラスタ数が不明な場合は推定する手法も存在します。今回は固定的にクラスタ数を「5」に指定します。

```
# モデル構築(分布の推定)
n_component = 5
gmm = mixture.GMM(n_components=n_component, covariance_type=covariance_type, min_
covar=1e-3, n_iter=1000, random_state=0)
```

出力結果

```
GaussianMixture(n_components=5)
```

次に正常データと異常データに対して、特徴度（異常度）を算出します。特徴度（異常度）とは、各データの出現のめずらしさを表しており、値が大きいほど出現がめずらしく、特徴的なデータであることを表します。

```
#--- 特徴度(異常度)の算出 ---
# 正常データ
normal_data_anomaly_measures = -np.log(np.exp(gmm.score(test_normal_data)))

# 異常データ
anomaly_data_anomaly_measures = -np.log(np.exp(gmm.score(test_anomaly_data)))
```

特徴度（異常度）の時系列グラフを描画します（**図 4.9**）。x 軸が行数で、y 軸が特徴度（異常度）です。1 つ目のグラフが正常データにおける特徴度の時系列グラフで、2 つ目のグラフが異常データにおける特徴度の時系列グラフとなります。正常データでは特徴度が小さく推移しており、異常データでは特徴度が大きくなっていくことが分かります。

```
plt.rcParams['font.family'] = 'IPAexGothic'
pd.DataFrame(normal_data_anomaly_measures, columns = ["特徴度"]).plot(ylim=[0, 400])
pd.DataFrame(anomaly_data_anomaly_measures, columns = ["特徴度"]).plot(ylim=[0, 400])
```

図 4.9 特徴度（異常度）の時系列グラフ（出力結果）

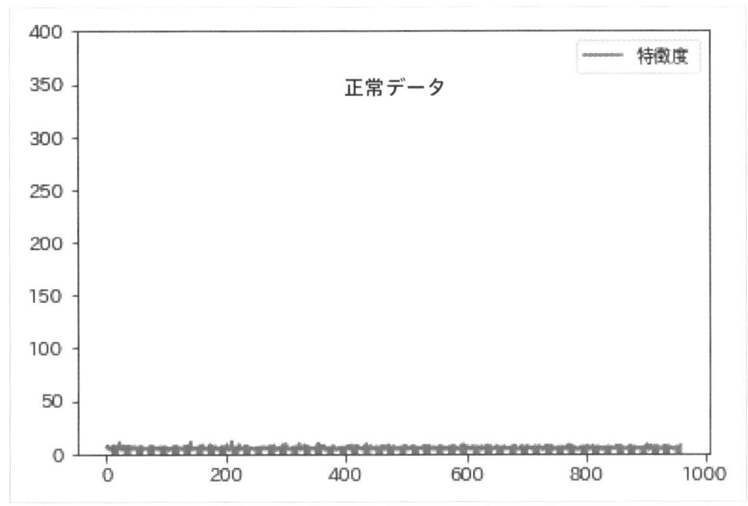

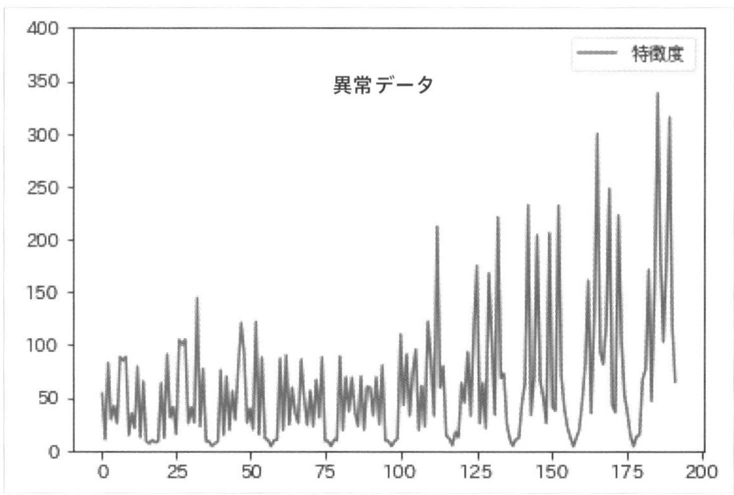

また、クラスタごとのデータ数を取得し、正常データと異常データでクラスタ内のデータ数の傾向が異なるかなどを可視化します（**表 4.8**）。クラスタごとの正常データと異常データの個数を見てみると、異常データはクラスタ 2、4 に入るデータが 1 つもない（anomaly_data_num が "0"）結果[*1]であったことが分かります。

```
# クラスタの取得
normal_data_cluster_list = gmm.predict(test_normal_data)
anomaly_data_cluster_list = gmm.predict(test_anomaly_data)

# 要素別にカウント
normal_cluster_count_dict = collections.Counter(normal_data_cluster_list)
anomaly_cluster_count_dict = collections.Counter(anomaly_data_cluster_list)

# データフレームを生成
cluster_list = range(0, n_component)
cluster_normal_data_num = []
cluster_anomaly_data_num = []
for cluster_idx in range(0, n_component):
    cluster_normal_data_num.append(normal_cluster_count_dict[cluster_idx])
    cluster_anomaly_data_num.append(anomaly_cluster_count_dict[cluster_idx])
    cluster_data_num_df = pd.DataFrame([cluster_list, cluster_normal_data_num, cluster_
anomaly_data_num])
```

*1　GMM の結果は、多少ランダム性があるため、手元で実行された結果と少し異なる可能性はあります。

```
cluster_data_num_df = cluster_data_num_df.T
cluster_data_num_df.columns = ["cluster_index", "normal_data_num", "anomaly_data_num"]

cluster_data_num_df
```

表 4.8 クラスタごとのデータ数（出力結果）

#	cluster_index	normal_data_num	anomaly_data_num
0	0	240	64
1	1	192	58
2	2	96	0
3	3	336	70
4	4	96	0

この結果を棒グラフで可視化すると、**図 4.10** になります。

```
fig = plt.figure()
fig.subplots_adjust(wspace=0.2, hspace=0.5)

ax = fig.add_subplot(211)
plt.bar(cluster_data_num_df["cluster_index"],
cluster_data_num_df["normal_data_num"], align="center")
ax.set_xlabel("normal data num of each cluster", fontsize=12)
ax.set_ylabel("the number of data", fontsize=12)
plt.xticks(fontsize=10)
plt.yticks(fontsize=10)

ax = fig.add_subplot(212)
plt.bar(cluster_data_num_df["cluster_index"],
cluster_data_num_df["anomaly_data_num"], align="center")
ax.set_xlabel("anomaly data num of each cluster", fontsize=12)
ax.set_ylabel("the number of data", fontsize=12)
plt.xticks(fontsize=10)
plt.yticks(fontsize=10)

plt.show()
cluster_data_num_df
```

図 4.10　クラスタごとの棒グラフ（出力結果）

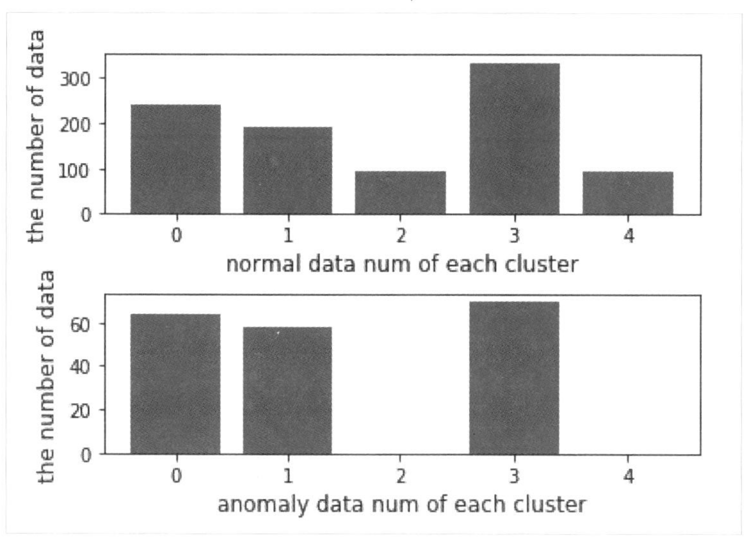

クラスタごとのデータ数の結果を考察するため、次にクラスタの中心座標を可視化します。各クラスタにおけるカラムごとの中心座標を表形式で出力します。表形式で出力することで、例えばクラスタ 0 は他のクラスタと比較して col1 の値が小さく、col2、col3 の値が大きい、クラスタ 3 は他のクラスタと比較して col1 の値が大きく、col2、col3 の値が小さいといったことが分かります（**表 4.9**）。

```
# クラスタ中心座標の可視化
cluster_means_pd = pd.DataFrame(gmm.means_)
cluster_means_pd.columns = use_column_list
cluster_means_pd
```

表 4.9　クラスタごとの中心座標（出力結果）

	sensor1	sensor2	sensor3
0	0.167678	3738.978803	625.570015
1	0.252363	1820.643851	457.105569
2	0.192977	2971.039992	573.342919
3	0.305095	1151.180892	349.582902
4	0.215279	2445.150434	525.358661

最後に、クラスタごとに特徴度の分布を可視化します。x軸が特徴度で、y軸が各クラスタの番号です。**図4.11**の左のグラフが正常データにおける特徴度のグラフで、右のグラフが異常データにおける特徴度のグラフです。このグラフを見ると、異常データはクラスタ0、3において、特徴度が大きいデータが多い傾向が見て取れます。

```
normal_df["anomaly_measure"] = normal_data_anomaly_measures
normal_df["cluster_idx"] = normal_data_cluster_list

anomaly_df["anomaly_measure"] = anomaly_data_anomaly_measures
anomaly_df["cluster_idx"] = anomaly_data_cluster_list

# 描画
fig = plt.figure(figsize=(10, 5))

ax = fig.add_subplot(121)
ax.scatter(normal_df["anomaly_measure"], normal_df["cluster_idx"])
ax.set_xlim(0, 100)
ax.set_ylim(-1, 5)

ax = fig.add_subplot(122)
ax.scatter(anomaly_df["anomaly_measure"], anomaly_df["cluster_idx"])
ax.set_xlim(0, 100)
ax.set_ylim(-1, 5)

plt.show()
```

図 4.11　クラスタごとの棒グラフ（出力結果）

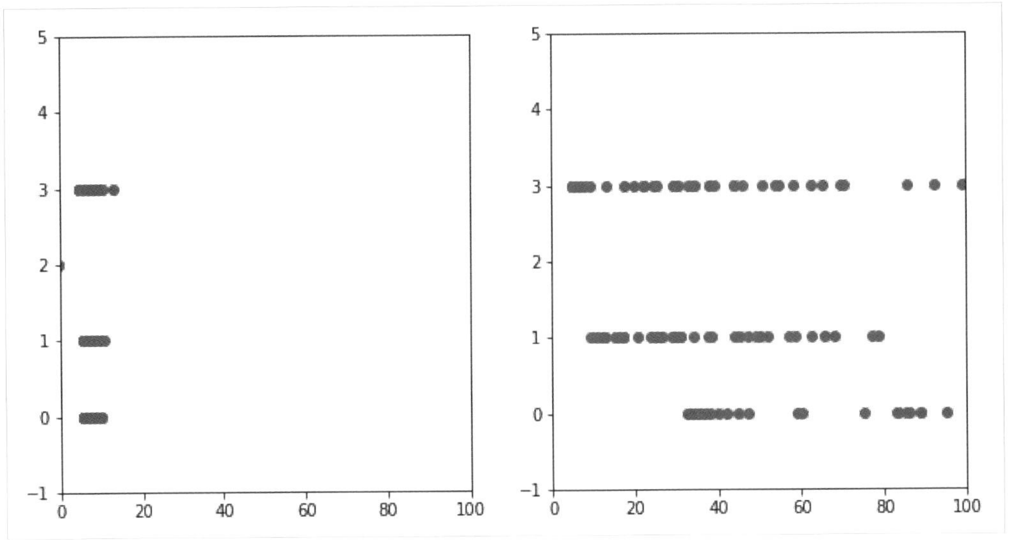

ここからさらに、特徴度から予兆傾向が掴めるか、他の期間の正常データをこのモデルに入力してみて誤報が発生しないか、他の異常データをこのモデルに入力してみて失報が発生しないか、などといった分析を行っていきます。良いモデルができれば、特徴度を閾値などで監視することにより機器・設備の故障予兆を検知することができるようになります。

今回記載したGMMによる予兆検知は、あくまで多数ある手法の中の1つです。この他、例えば、「マハラノビス・タグチ法」、「カーネル主成分分析」、「状態空間モデル」による異常検知などもあり、業務課題に合わせて適切な手法を選択していく必要があります。

4.4 数値解析（要因解析）

本節では､テーブルデータを対象にした要因解析について説明します。主な適用先としては、工場の生産ラインの不良品数削減や小売店舗の売上向上など、目的となる変数（KPI）を改善するための要因を見つけるものになります。本節では特に生産ラインの不良品数削減を例に分析を進めていきます。

4.4.1 業務課題の把握

要因解析を適用する課題の典型例は、工場の生産ラインなどでよく提示される次のような課題です。

「出荷前検査で製品の不良品が多いため、不良品数を削減したい。しかし製品の材料のサイズや種類、あるいは各工程で使う生産設備のパラメータなどさまざまな条件があり、どれが不良品を減らすのに有効なのか分からない」

そしてこれが小売業の場合は

「売上を上げたいが、どの商品をどの時間帯にアピールするか、あるいは店員をどこに配置するのが効果があるのかが分からない」

といった課題となります。

もちろん、本課題に対して効きそうな条件の仮説を立てて、実際にその条件で生産や販売をして実験するという手段も考えられます。しかし仮説を立てるのが困難だったり、実験すべき条件が多くて時間やコストがかかったりするなどの問題があり､実行できないかもしれません。そういった場合に今までの生産や販売の条件が記録されたデータがあれば、そこから各条件が及ぼす影響を要因解析で推定することができます。推定された条件から仮説を構築し、条件を絞った上でより厳密な実験に繋げることもできます。

4.4.2 分析方針の設計

3.3 節で説明した分析方針のうち、機械学習を用いて進めるパターンにあたります。

本節では要因解析の分析モデルとして「ベイジアンネットワーク」を用います。ベイジアンネットワークは、何らかの変数同士の関係を記述するための分析モデルです。ベイジアンネットワークは4.2節で行った予測とは異なり、不良品数や売り上げといった変数の改善に有効な要因を見つけるための分析モデルです。変数のうちどちらが原因でどちらが結果なのかを推定したり、変数に直接的に影響を及ぼすのか間接的に影響を及ぼすのかを推定したりすることができます。ここでは、良く知られている簡単なベイジアンネットワークを例に説明します（**図4.12**）。

この図では、「雨が降っている」「雲がある」などと書かれた、ノードと呼ばれる四角が、変数を示しています。変数同士をつなぐ矢印は変数同士の関係を示しており、エッジといいます。この例で変数は、雲があるかどうか、雨が降っているかどうかといった事象のありなしに対応し、Yes か No の値をとります。

なお、各変数が Yes と No のどちらになるかは、各ノードの付近に記載している条件付確率テーブル（CPT：Conditional Probability Table）に従い確率的に決まります。例えば図4.12の左端の「雲がある」は Yes も No も 50% の確率です。一方、上の「雨が降っている」が Yes になる確率は「雲がある」が Yes だと 80% ですが、「雲がある」が No だと 20% に下がります。これは雲が無いと雨が降ることは少ないというデータが反映されたためです。

図 4.12 単純なベイジアンネットワークの例

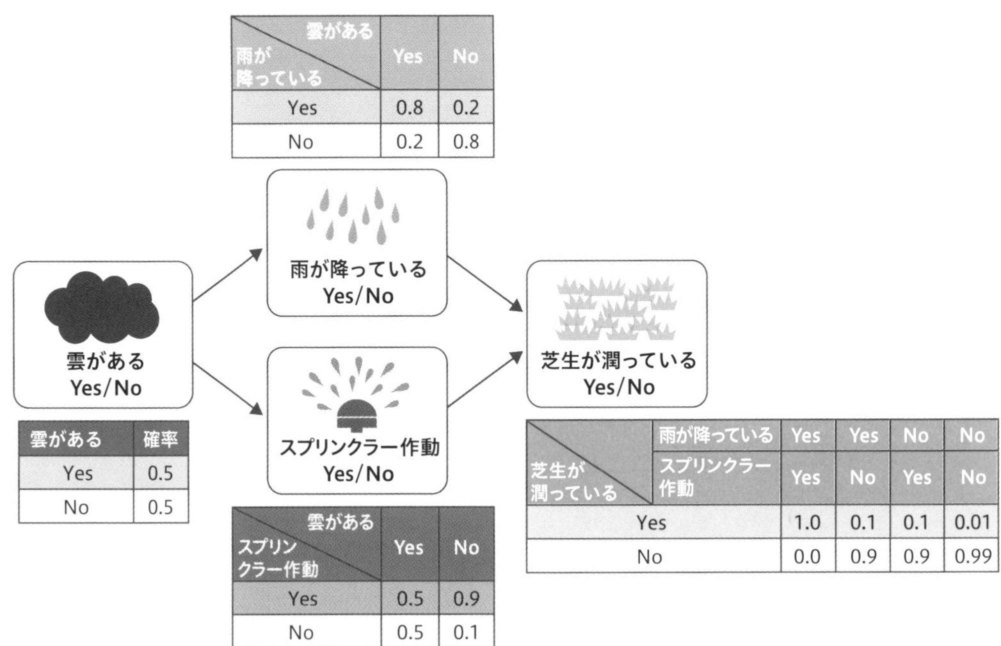

雨が降っている ＼ 雲がある	Yes	No
Yes	0.8	0.2
No	0.2	0.8

雲がある	確率
Yes	0.5
No	0.5

スプリンクラー作動 ＼ 雲がある	Yes	No
Yes	0.5	0.9
No	0.5	0.1

芝生が潤っている ＼ 雨が降っている	Yes	Yes	No	No
スプリンクラー作動	Yes	No	Yes	No
Yes	1.0	0.1	0.1	0.01
No	0.0	0.9	0.9	0.99

要因解析では、毎日の雨や雲、芝生の状態を Yes/No で記録して集めた**表 4.10** のようなテーブルデータから構造学習でエッジを推定します。また条件付確率テーブルをパラメータ学習という手法で推定します。その結果、図 4.12 のようなベイジアンネットワークが得られ、雲の有無が原因となってスプリンクラーが作動するかどうかという結果が決まることが分かります。また芝生が潤っているという右端の事象がおきた直接の原因は「スプリンクラー作動」あるいは「雨が降っている」ことで、間接的には「雲がある」ことに起因していることが分かります。さらに推定した条件付確率テーブルから雲が無い時に芝生が潤っている確率を推定することもできます。その結果、もし雲が無いという条件だけで芝生が乾燥する確率が上がるなら、雲が無い日はスプリンクラーの放水頻度を上げて改善に繋げることができます。

この例は単純でスプリンクラーや雨で芝生が潤うのは自明なので、データ分析の必要が無いと感じられるかもしれません。しかし実際の業務で扱う対象は、変数が多かったり複雑だったりして自明ではないものもあります。そのような対象からでもデータさえあれば、ベイジアンネットワークを構造学習し、業務改善に繋げられるところに価値があります。本節では上記の構造学習と条件付確率テーブルの推定を bnlearn というパッケージを用いて行います。

第4章

表 4.10 ベイジアンネットワークを構造学習するためのデータ

雲がある	雨が降っている	スプリンクラー作動	芝生が潤っている
Yes	Yes	No	Yes
Yes	No	Yes	No
Yes	No	Yes	No
⋮	⋮	⋮	⋮

4.4.3 データの理解・収集

構造学習に使うデータを集めるには、生産ラインなら生産設備を管理している業務部門に、あるいは小売店舗なら POS データなどを管理する業務部門に依頼します。全ての期間のデータを集めようとすると依頼してからデ―タが出てくるまで時間がかかることもあるので、例えば 1 ヶ月～ 1 年分に絞って集めた方がいい場合もあるかもしれません。

生産ラインの場合、処理ごとにデータが測定されることが多く、それらをマージしてから学習する必要があります。本節では、**表 4.11** ～**表 4.13** のような、前処理、本処理、品質検査の業務において測定されたデータを、id をキーに**表 4.14** のようなデータにマージしてから学習を行います。

各データは、例えば表4.11のnumber_of_processesのような数値データでもmaterial_sizeのような文字列でも良いです。ただしbnlearnで構造学習をするデータは、有限の種類の値を取るカテゴリカルデータである必要があるため、連続的な値を取るデータの場合は離散化を行う必要があります。

表4.11 前処理で測定されたデータ

データ名称	取り得る値	説明
id	任意の整数値	生産された製品ごとに一意に決まるID
material_size	small/medium/large	製品の材料のサイズ。小/中/大の3種類
material_type	steel/brass/copper	製品の材料の種類。鋼/真鍮/銅の3種類
number_of_processes	10/20	生産の全工程の数。10か20の2種類
processing_method	method1/method2	生産の方式。方法1か方法2の2種類

表4.12 本処理で測定されたデータ

データ名称	取り得る値	説明
id	任意の整数値	生産された製品ごとに一意に決まるID
cutting_temperature	low/middle/high	材料を切削する時の温度。 低い/中間/高温の3種類
processing_time	short/middle/long	生産にかかった時間。 短時間、中間、長時間の3種類
power_consumption	low/middle/high	生産にかかった電力。 低い、中間、高いの3種類
processing_method	method1/method2	生産の方式。方法1か方法2の2種類

表4.13 品質検査で測定されたデータ

データ名称	取り得る値	説明
id	任意の整数値	生産された製品ごとに一意に決まるID
quality	ok/ng	生産された製品の品質検査の結果。 合格、不合格の2種類

表 4.14 要因解析の分析対象となるテーブルデータ

id	material_type（材料種類）	material_size（材料サイズ）	number_of_processes（工程数）	…	quality（品質）
0	steel	small	20	…	ok
1	steel	large	20	…	ng
2	steel	large	20	…	ng
3	steel	medium	20	…	ok
4	steel	small	10	…	ng
⋮	⋮	⋮	⋮	⋮	⋮

なお表 4.11 ～ 4.14 のデータは実際のプロジェクトで使われるデータを模して独自に作成したサンプルデータです。実際のプロジェクトではデータの項目が数千にもなることがありますが、構造学習とパラメータ学習にかかる時間が長くなるので、ここでは id を除いて合計で 8 項目にしてあります。本テーブルデータを用いて、material_size（材料サイズ）や number_of_processes（工程数）が最も右のカラムの quality（品質）に影響を及ぼすかどうか、影響の大きさを推定していきます。

4.4.4 bnlearn のインストール

この先で使用するベイジアンネットワークのライブラリ bnlearn をインストールします。pip によるインストールは以下のように行います。本節のプログラムは bnlearn のバージョン 0.3.15 で動作確認しています。

```
pip install bnlearn==0.3.15
```

4.4.5 データの加工

では早速、データの加工をしていきましょう。以下の手順で加工していきます。

(1) 前処理、本処理、品質検査のデータを読み込んで pandas 形式のデータフレームを作る

(2) 各データフレームの id カラムをキーにしてマージする

(3) id は不良品率に関係ないので除く

(1)〜(3)を実行するコードを次に示します。(1)ではpandasのread_csv()関数を使ってデータを読み込みます。(2)ではデータをマージして表4.14のようなデータを作ります。(3)では学習結果の精度を高くするため、不良品率に明らかに関係ないデータをあらかじめ除きます。

```
# ライブラリのインポート
import bnlearn
import pandas as pd

# (1)前処理、本処理、品質検査のデータを読み込んでpandas形式のデータフレームを作る
data1 = pd.read_csv("./data/data4-4_first.csv")
data2 = pd.read_csv("./data/data4-4_second.csv")
data3 = pd.read_csv("./data/data4-4_third.csv")

# (2)各データフレームのidカラムをキーにしてマージする
data = data1.merge(data2, on="id").merge(data3, on="id")

# (3) idは不良品率に関係ないので除く
data = data.drop(columns=["id"])
```

4.4.6 データ分析・モデリング

いよいよbnlearnで構造学習を行い、結果を可視化します。コードを次に示します。

```
model = bnlearn.structure_learning.fit(data, methodtype="hc",
                                       scoretype="bic")
bnlearn.plot(model) #可視化
```

上記の可視化結果のベイジアンネットワークを**図4.13**に示します。なお、見やすくするため、ここではエッジの太さと矢印を大きくしています。

図 4.13　構造学習されたベイジアンネットワーク（出力結果）

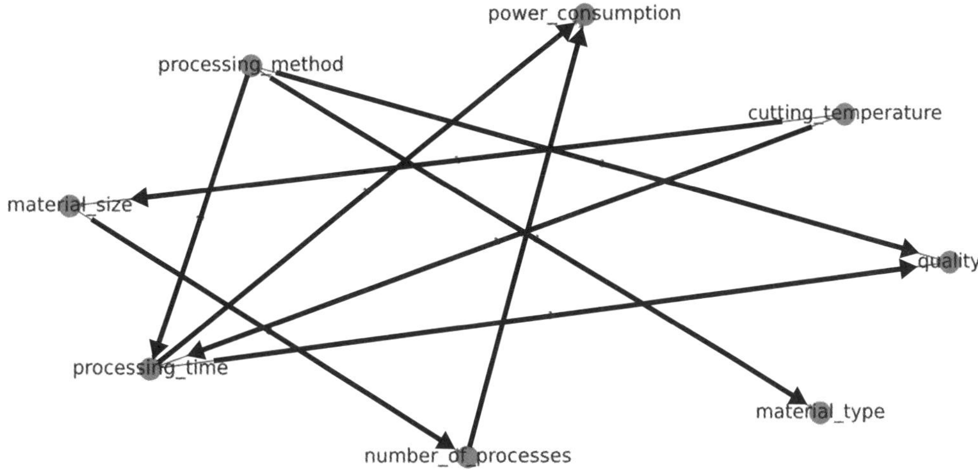

もう1つの可視化方法として、どの変数からどの変数にエッジが接続されているのかを隣接行列という形式で見ることもできます。実は上記コード中の変数 model は辞書形式のオブジェクトであり、`model["adjmat"]` に隣接行列が pandas のデータフレーム形式で入っています。

```
adjmat = model[“adjmat”]*1 #見やすいようにtrue/falseから1/0にするため1を乗算
```

変数 adjmat の隣接行列は、縦軸のインデックスと横軸のカラムが変数名になっており、縦の変数名から横の変数名に対し、エッジがある場合に1、ない場合に0が入っています。例えば**表 4.15** に示す隣接行列では、2行目の material_size と number_of_processes の交点が1になっています。これは material_size から number_of_processes にエッジが伸びていることを意味します。実際、図 4.13 はそのようになっています。

表 4.15　隣接行列の例

source ＼ destination	material_type	material_size	number_of_processes	…	quality
material_type	0	0	0	…	0
material_size	0	0	1	…	0
number_of_processes	0	0	0	…	0
power_consumption	0	0	0	…	0
processing_time	0	0	0	…	1
cutting_temperature	0	1	0	…	0
processing_method	1	0	0	…	1
quality	0	0	0	…	0

さて構造学習の結果は得られましたが、念のため今回の学習結果にバラツキが無いか確認します。具体的には、学習に使うデータが多少入れ替わってもベイジアンネットワークのエッジが変化しないか確認します。そのためにはデータからランダムに半分を取り出して構造学習を行うことを複数回繰り返します。3回繰り返して作ったベイジアンネットワーク3つを可視化するコードを次に示します。

```
#構造学習1回目
d = data.sample(frac = 0.5)
model = bnlearn.structure_learning.fit(d,methodtype="hc", scoretype = "bic")
G = bnlearn.plot(model, figsize=(20,10))

#構造学習2回目
d = data.sample(frac = 0.5)
model = bnlearn.structure_learning.fit(d,methodtype="hc", scoretype = "bic")
bnlearn.plot(model,figsize=(20,10), pos=G["pos"])
  #ノードの表示位置を1回目と同じにするためにposを指定

#構造学習3回目
d = data.sample(frac = 0.5)
model = bnlearn.structure_learning.fit(d,methodtype="hc", scoretype = "bic")
bnlearn.plot(model,figsize=(20,10), pos=G["pos"])
```

上記コードの結果を**図 4.14** に示します。1 回目と 2 回目および 3 回目との違いを矢印で示しています。1 回目にはあったエッジが 2 回目では消えていたり、別のエッジが現れたりしています。このように構造学習はデータが多少入れ替わるだけで結果がバラついてしまうことがあります。

図 4.14　構造学習 3 回分の結果（出力結果）

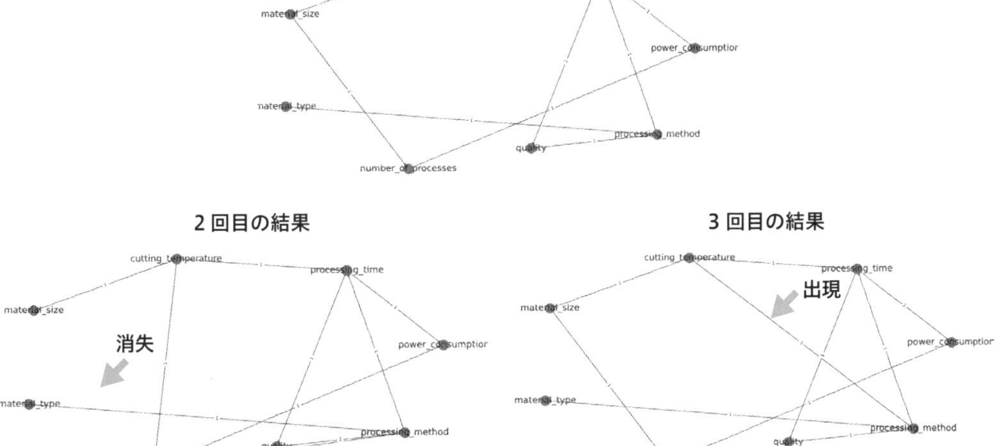

この問題を解決するため、今回はブートストラップという手法を用いてバラツキを抑えてみます。ブートストラップは、簡単に言えばデータを何回もランダムに取り出して統計量を推定する手法の総称です。今回はデータの取り出し（復元抽出）と構造学習を 100 回繰り返し、100 回のうち 50 回以上現れたエッジのみ本当のエッジであると判定します。

ブートストラップを実行するコードを次に示します。

```
#あとでモデルを検証するためにtest_dataを分けておく
train_data = data.sample(frac = 0.9)
test_data = data.drop(train_data.index)

#ブートストラップを用いた構造学習
adjmat_list = []
for ignored in range(0,100):
```

```
    d = train_data.sample(frac = 0.5)
    est_model = bnlearn.structure_learning.fit(d, methodtype="hc",
                                               scoretype="bic", verbose=0)
    adjmat_list.append(est_model["adjmat"])
avg_adjmat = sum(adjmat_list)
adjmat = ( avg_adjmat > (100*0.5) )*1

#隣接行列からbnlearn用のオブジェクトを作り、可視化
m = bnlearn.bnlearn.to_BayesianModel(adjmat, verbose=1)
boot_model = {"model":m, "adjmat":adjmat}
bnlearn.plot(boot_model, figsize=(25,10))
```

このブートストラップを行うことで繰り返し構造学習をしても結果は変わらなくなりました。その結果を**図 4.15** に示します。なお、見やすくするためにエッジの太さと矢印を大きくしています。実際にやってみて矢印が小さい場合は、解説済みの隣接行列 `boot_model["adjmat"]` を参照してエッジの向きを確認してください。

図 4.15 ブートストラップでバラツキを抑えた構造学習の結果（出力結果）

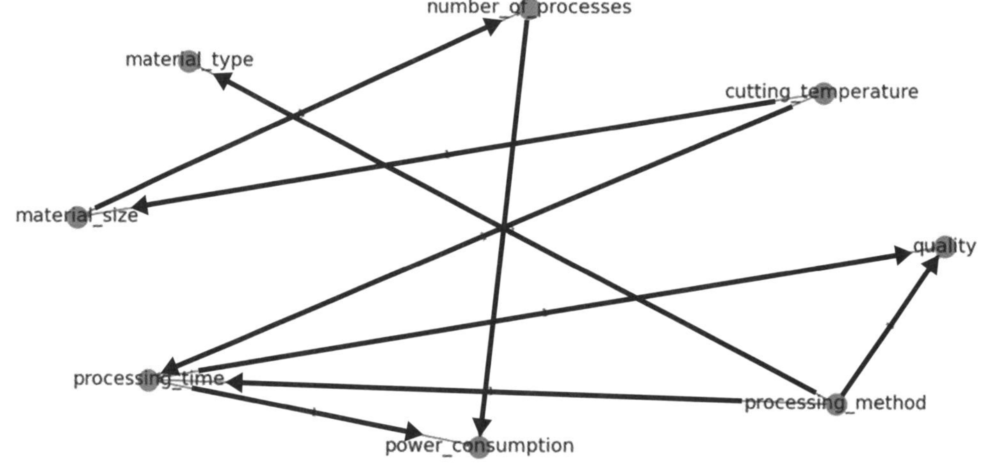

得られた構造学習の結果を前提として、条件付確率テーブルを推定します。これは bnlearn の parameter_learning.fit 関数で行うことができます。

```
# 条件付確率テーブルを推定するコード
model = bnlearn.parameter_learning.fit(boot_model, train_data)
```

これでベイジアンネットワークが学習できました。ベイジアンネットワークが正しく学習できているか確認するため、qualityがokになる確率をベイジアンネットワークで計算してAUC（Area Under the Curve）を求めます。このために分けておいたtest_dataを使い、bnlearnのinference.fit()という関数で確率を計算します。コードを次に示します。

```
#モデルの検証のため分けておいたtest_dataでAUCを測定
evidence = set(test_data.columns) - set(["quality"])
quality_probs = []
for i, s in test_data.iterrows():
    p = bnlearn.inference.fit(
        boot_model, variables=["quality"],
        evidence = s[evidence].to_dict(), verbose=0
        )
    quality_probs.append( p.get_value(quality="ok") )

from sklearn.metrics import roc_auc_score
auc = roc_auc_score(
    (test_data["quality"] == "ok").tolist(), quality_probs )
```

上記のコードでAUCは多くの場合0.7～0.75の間になり、正しく学習できているようです。なおAUCが小さく0.5に近い場合は、プログラムやデータのバグで正しくモデルが学習できていない可能性があります。特に0.5より顕著に低い場合は、qualityのokとngを反対にしてしまっているバグが無いか確認してください。

4.4.7　分析結果の考察

図4.15を見ると、number_of_processes（工程の数）がpower_consumption（消費電力）に影響を及ぼしていることや、processing_method（加工方法）がquality（品質）に影響を及ぼしていることなどが分かります。さて、このネットワーク図を中間の分析結果として、課題を抱えていた生産の業務部門に報告すると、次のようなフィードバックが得られたとします。

生産工程を知っていると、矢印の付き方は心当たりのある結果が多い。しかしなぜ、processing_method（加工方法）が material_type（材料種類）に影響を及ぼすことになっているのか？ 実際の業務としては、材料の種類に合わせて加工方法を変えているので逆である。矢印の向きが違うのではないか？ cutting_temperature（切削温度）から material_size（材料サイズ）にも矢印が伸びているが、これも同様である。

このように、業務部門から見るとエッジの矢印の向きが不適切なことがあります。これは矢印の向きが逆でもそれがデータの分布に表れていなかったり、探索がローカルミニマムに陥って途中で打ち切られてしまったりなどが理由です。以下では、このフィードバックにあるようなエッジに関する知識が得られた場合、それを取り込んで構造学習をすることでこの問題を解決する方法を説明します。

bnlearn では、構造学習 structure_learning.fit の引数 black_list にエッジを指定すると、そのエッジを外して構造学習をさせることができます。前述のフィードバックによると、与えられた material_type（材料種類）と material_size（材料サイズ）から processing_method（加工方法）など他の変数を決めて生産しているようです。なのでその逆は無いと考え、material_type（材料種類）と material_size（材料サイズ）に影響を及ぼすエッジを全て black_list に指定して構造学習の対象から外します。black_list を指定してブートストラップで構造学習をするコードを次に示します。

```
#ブラックリストとブートストラップを用いた構造学習
black_list = [
    ("cutting_temperature","material_size"),
    ("number_of_processes","material_size"),
    ("power_consumption",  "material_size"),
    ("processing_method",  "material_size"),
    ("processing_time",    "material_size"),
    ("quality",            "material_size"),
    ("cutting_temperature","material_type"),
    ("number_of_processes","material_type"),
    ("power_consumption",  "material_type"),
    ("processing_method",  "material_type"),
    ("processing_time",    "material_type"),
    ("quality",            "material_type")
    ]
```

```
adjmat_list = []
for ignored in range(0,100):
    d = train_data.sample(frac = 0.5)
    est_model = bnlearn.structure_learning.fit(
                d, methodtype="hc", scoretype = "bic",
                black_list = black_list, bw_list_method="enforce",
                verbose=0
                )
    adjmat_list.append(est_model["adjmat"])
avg_adjmat = sum(adjmat_list)
adjmat = ( avg_adjmat > (100*0.5) )*1

m = bnlearn.bnlearn.to_BayesianModel(adjmat, verbose=1)
boot_model = {"model":m, "adjmat":adjmat}

# 学習結果を可視化
bnlearn.plot(boot_model,figsize=(25,10))
```


コードを実行した結果を**図 4.16** に示します。図 4.16 を見ると、material_type（材料種類）から processing_method（加工方法）に影響を及ぼすエッジと material_size（材料サイズ）から cutting_temperature（切削温度）へのエッジが張られています。これは前述の生産の業務部門のフィードバックを反映して修正された結果です。

図 4.16 ブートストラップと black_list の両方を用いた構造学習の結果（出力結果）

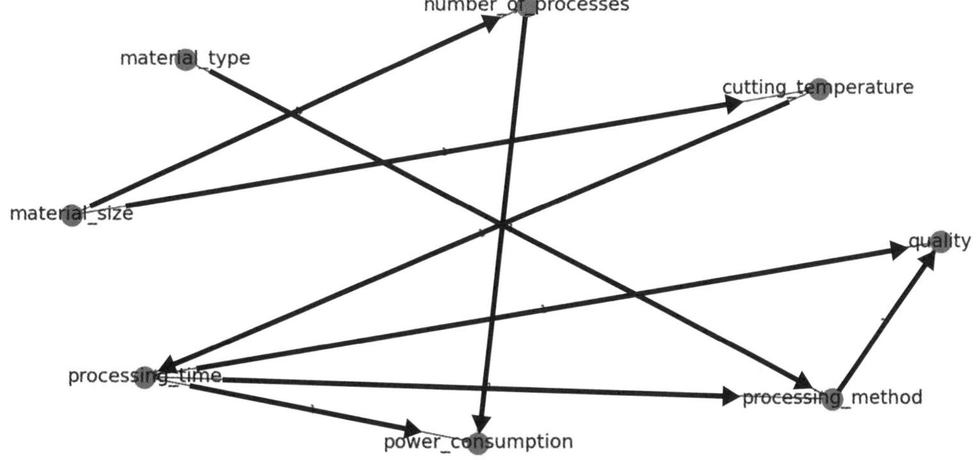

さらに図4.16を見てみましょう。本節の目的はqualityがokになる割合を上げたいというものでした。qualityに直接影響を及ぼす変数は、processing_time（処理時間）とprocessing_method（処理方法）の2種類です。material_type（材料種類）はprocessing_timeを通して間接的にqualityに影響を及ぼしています。よって、material_typeを変更してもqulaityを間接的に改善できる可能性はあります。しかし、決められた材料で作らねばならず変更が難しいなどmaterial_typeを変えられない場合はprocessing_methodの改善が有効になります。このように業務部門がコントロールしやすい変数を優先して改善提案していくのが良いでしょう。

また、processing_timeもqualityに直接影響を及ぼしています。processing_time（処理時間）は、さらにcutting_temperature（切削温度）の影響を受けています。これも同様に、切削温度を生産設備の調整で変更できないか、それが難しいのであれば処理時間を他の方法で変更できないかといった提案が可能になります。

最後にqualityへの各変数の影響を定量評価します。具体的には各変数の値についてqualityがok/ngになる条件付確率を計算します。次に示すコードでは、変数effにデータフレーム形式で条件付確率を格納しています。

```
#各変数がqualityに与える影響として条件付確率を計算する
eff = pd.DataFrame()
for e in evidence:
    states = boot_model["model"].get_cpds(e).state_names[e]
    for s in states:
        p = bnlearn.inference.fit(
            boot_model, variables=["quality"],
            evidence = {e:s}, verbose=0
            )
        eff = eff.append(
            pd.Series({
                "variable":e,"state":s,"ok":p.get_value(quality="ok"),
                "ng":p.get_value(quality="ng")
            }),
            ignore_index=True )
```

effの中身を**表4.16**に示します。表の左から1列目は変数名、2列目はその値、3列目は1列目の変数が2列目の値を取った時にqualityがokになる平均の確率を示しています。4列目はngになる確率であり3列目と足して1になるようになっています。例えば表4.16の1行目はprocessing_methodがmethod1のときqualityがokになる確率は0.507ということを示します。

表 4.16 quality が ok/ng になる確率（出力結果）

variable	state	ok	ng
processing_method	method1	0.507	0.493
	method2	0.470	0.530
cutting_temperature	high	0.497	0.503
	low	0.462	0.538
	middle	0.467	0.533
number_of_processes	10	0.479	0.521
	20	0.481	0.519
power_consumption	high	0.468	0.532
	low	0.487	0.513
	midele	0.483	0.517
material_type	brass	0.483	0.517
	copper	0.489	0.511
	steel	0.476	0.524
processing_time	long	0.354	0.646
	middle	0.596	0.404
	short	0.499	0.501
material_size	large	0.488	0.512
	medium	0.479	0.521
	small	0.471	0.529

表 4.16 において、変数の値によって ok の確率が大きく異なる変数は quality に与える影響が大きいといえます。例えば、processing_time が long の時は 0.354 なのに対し、middle の時は 0.596 と確率が上がっており、long の時が特に ng になりやすいということが分かります。それ以外の変数ではあまり確率は変化していません。

このことから quality に直接影響を及ぼすとされた processing_time（処理時間）と processing_method（処理方法）のうち、前者の方が影響が大きいと言えそうです。よって processing_time を削減できる処理の開発が有効と言えそうです。

第4章

4.5 画像認識（適用技術：Deep Learning）

本節では、画像データを対象にした画像認識について説明します。主な適用先は、目視の代わりに画像認識を行うことで「不良品」を見つけるものです。本節では特に、工業製品の出荷時における外観検査を例に分析を進めていきます。

4.5.1 はじめに

AIと聞くと、囲碁でプロ棋士を打ち破った事例や自動車の自動運転を思い浮かべるのではないでしょうか。また、身近な事例では、顔認証を用いたアプリケーションを目にすることがあると思います。これらの実現の一端を担っているのがDeep Learning技術です。

Deep Learning技術のビジネス活用シーンはさまざまありますが、業務の自動化、効率化を図りたいと考える方が多いと思います。本節では、人がこれまで目視で確認してきた作業を画像認識技術を用いて効率化するステップを示します。画像認識で高い認識精度を誇るDeep Learning手法の一つである畳み込みニューラルネットワーク（CNN：Convolutional Neural Network）を用いた事例について紹介します。

画像認識の活用シーンを**表4.17**に示します。いずれの活用シーンの作業でも熟練が求められ、現状はベテランの担当者・検査員が作業を行っています。特にミッションクリティカルな現場であればあるほど、人的なミスを軽減したい、精神的な負担を軽減したいという思いは強いのではないでしょうか。また、BCP（Business Continuity Planning、事業継続計画）の観点からも、ベテランのノウハウをAIに学習させたいというニーズが高まっています。

表 4.17　画像認識の活用例

分野	活用シーン
製造業	● 目視による外観検査（傷、凹み、色味） ● 取り付け部品の欠損確認 ● 生産設備の異常動作検知 ● 危険な作業・エリアへの侵入検知 ● 製造年月日など印字部の検査
小売業	● 出荷点数確認 ● 出荷時のパッケージの傷・へこみの発見 ● 在庫確認
セキュリティ	● 危険物の発見 ● 要救護者、危険行動の発見 ● 顔認証
設備管理	● 設備劣化の検知 ● 指示メータの異常値検知
医療	● 検査画像からの病理部の抽出（研究段階）

4.5.2 画像認識プロジェクトを進める上での課題

Deep Learning（CNN）を用いた画像認識を実現しようとした際に、多くの場合で、正解ラベル（教師）の量の問題に直面します（「教師あり学習」の「分類問題」）。

動物やモノであれば、学習用の画像データはインターネットから大量に入手することが可能です。しかし、実際のビジネスの現場ではそうはいきません。通常、ビジネスを行っている場合、異常や不良は極力発生しない状態で維持・管理されています。このため、トラブル発生時の画像が欲しいと思ってもなかなか入手できないのです。画像を入手できたとしても、これまでの良否判定は人の経験に基づいてなされている場合も多く、定量的な判断基準を設けるのは難しい場合があります。このため、真の不良発生率が把握できず、AIによる判定システムに求められる精度について、議論がなかなか前に進まないということがあります。

このような場合は、なるべく時間を置かずに現場に出向き、実際に検査を行っている担当者へのヒアリングを実施することを推奨します。実際の現場を訪れ、経験談や事例などのヒアリングから、現場目線での困りごとやトラブル発生の傾向などを把握しやすくなるなることが多々あるからです。

ここではデータ分析やAIについての詳細な説明は行わず、現場のストレスをデータサイエンティストと現場が一緒に課題を解決していくステップについて説明しています。

4.5.3 CNN(Convolutional Neural Network)とは？

プロジェクトの話を進める前に、CNNの基本的な考え方について触れておきます。

CNNは**図4.17**に示すように、畳み込み層、プーリング層、全結合層、活性化関数で構成されます。畳み込み層では複数のフィルタを用いて画像の特徴を取り出します。その取り出した特徴をプーリング層でリサンプリング（解像度を下げる）します。それにより空間的な汎用性（位置ずれや背景などの影響を受け難くする）が得られるとともに、画像サイズを小さくすることでデータ量を削減し、学習時間を短縮するといった効果が得られます。

全結合層では、抽出してきた特徴を集約し、判定装置（活性化関数）に接続します。これによって良品、不良品の確率を算出し、識別を行うことができます。

またCNNでは入力（正解ラベル）と推論されたラベルを比較し、損失（誤差）を計算して推論精度の向上を図っています。ラベルを正しく推論できた場合は損失をマイナスにし、誤って推論した場合には損失をプラスにして与えます。この結果をネットワークの重みとバイアスに反映し、損失が小さくなるように繰り返し学習を進めていきます。すなわち、学習が適切に進んでいれば学習回数に伴い損失値（後述するLoss関数）が小さくなっていきます。

図4.17 CNNネットワーク構造

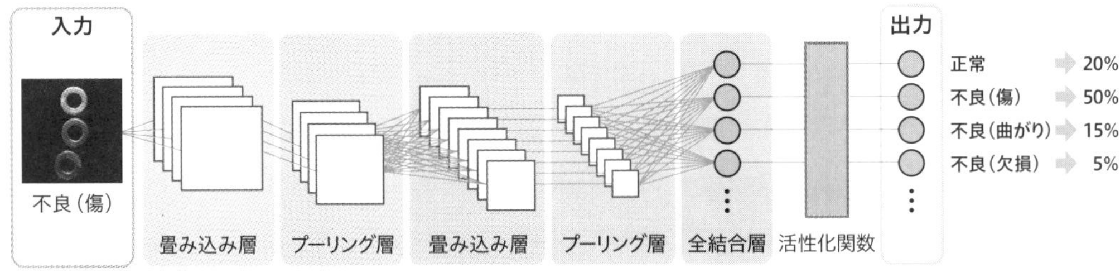

4.5.4 業務課題の把握（プロジェクト起案）

それでは、本節では次の事例に沿って解説していきます。国内OEM企業B社では、とある工業製品の組み立てを受託していました。ラインは完全自動化されており、出荷時の外観検査は人が行っています。最近、外観検査で金属の接合面に規格以上に隙間が発生する不良事象が、1週間に数件のペースで発生し続けていました。

ラインでは、組み立て装置のメンテナンス、および製品の分解を行い、不良の発生原因究明を進めました。その結果、組み立て部材であるワッシャの傷、曲がりに起因することが判明しました（**図4.18**）。

図 4.18　ワッシャ外観像

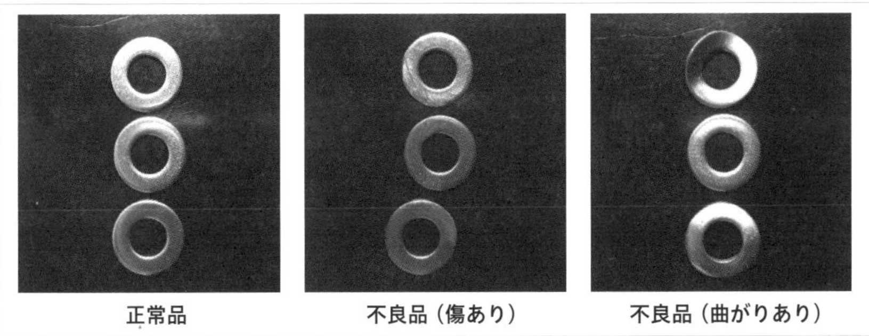

ワッシャは外部のサプライヤから調達したもので、サプライヤ側の出荷検査をパスしたものです。現段階では、傷や曲がりがどの段階で発生したのか、切り分けができていません。ただし、納品数を確保するために、生産は続けなければなりません。そこでラインでは暫定対策として組み立て直前に簡易的な外観検査装置を作り、組み立て時に不良品が混ざらないようにすることを検討しました。そして、専用の検査装置を作るには時間とコストがかかってしまうため、Deep Learning（CNN）を用いた画像認識で簡易検査を行うことにしました。

4.5.5 分析方針の設計

一般に、CNN を用いた画像認識では、学習に正常品と不良品の写真を数千枚必要とします。今回の不良は 1 週間に数件の発生頻度であるため、学習用データを蓄積するまで何も手が出せない状況に陥ってしまいます。今回のケースでは、現場にも協力してもらい、不良品ワッシャを集めてもらったり模擬の不良品を作ってもらったりした不良品 45 枚分と、正常品 50 枚分の画像を準備することができました。しかし、識別モデルを作るには十分なサンプル数とは言えません。

このような場合、Deep Learning（CNN）の世界では「転移学習」を用いて少数サンプルに対処します。転移学習とは、すでに学習済みのオブジェクトカテゴリー（例えば、マウス、キーボード、ディスプレイなどの物体）の知識を別の学習に適用させる技術です。転移学習を用いることで今回のように限られたデータでも高精度な識別モデルを構築できたり、学習済みの知識を転移するため学習時間を短縮できたりするメリットがあります。

本節では CNN を用いた画像認識を経験し活用することを目的としているので、Deep Learning や転移学習の概念についての記述は省いております。さらに勉強されたい人はそれらに特化した専門書籍 [*1] が、現在では多く出版されているので、それらを参照することを推奨します。

*1　「初めての TensorFlow」（リックテレコム 2017 刊）他

本節でもPython上で使うことができるDeep LearningのフレームワークであるTensorFlow（Keras）を活用し、画像認識モデルの構築手順について記述していきます。本節では、Kerasのサイトで公開されているInceptionResNetV2（https://keras.io/api/applications/inceptionresnetv2/）を用いた転移学習を行うことで短期間での学習モデル構築をめざします。本節では2つの学習済みモデルから転移学習を行います。

InceptionResNetV2はImageNetデータベース（http://www.image-net.org/）に蓄積された画像を学習した畳み込みニューラルネットワークです。このネットワークは、画像を1,000個のカテゴリーに分類することができます。また、そのネットワークの深さは572層あり、広範囲のオブジェクトの特徴を学習済みです（**図4.19**）。ネットワークのイメージ入力サイズは299×299pixel×3チャネル（RGBの3色）です。同様にXceptionもImageNetデータベースの画像を学習した畳み込みニューラルネットワークです（**図4.20**）。

図4.19 InceptionResNetV2ネットワーク構造

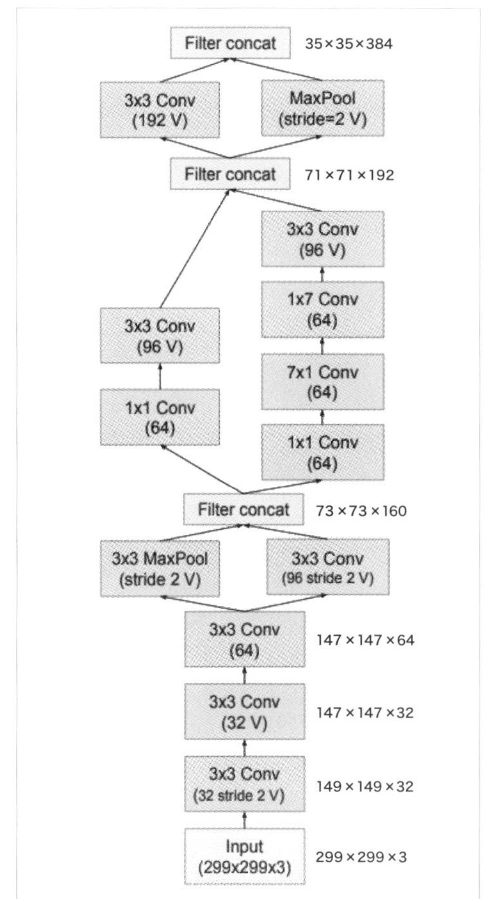

引用：Christian Szegedy他. Inception-v4, Inception-ResNet and the Impact of Residual Connections on Learning

図 4.20 Xception ネットワーク構造

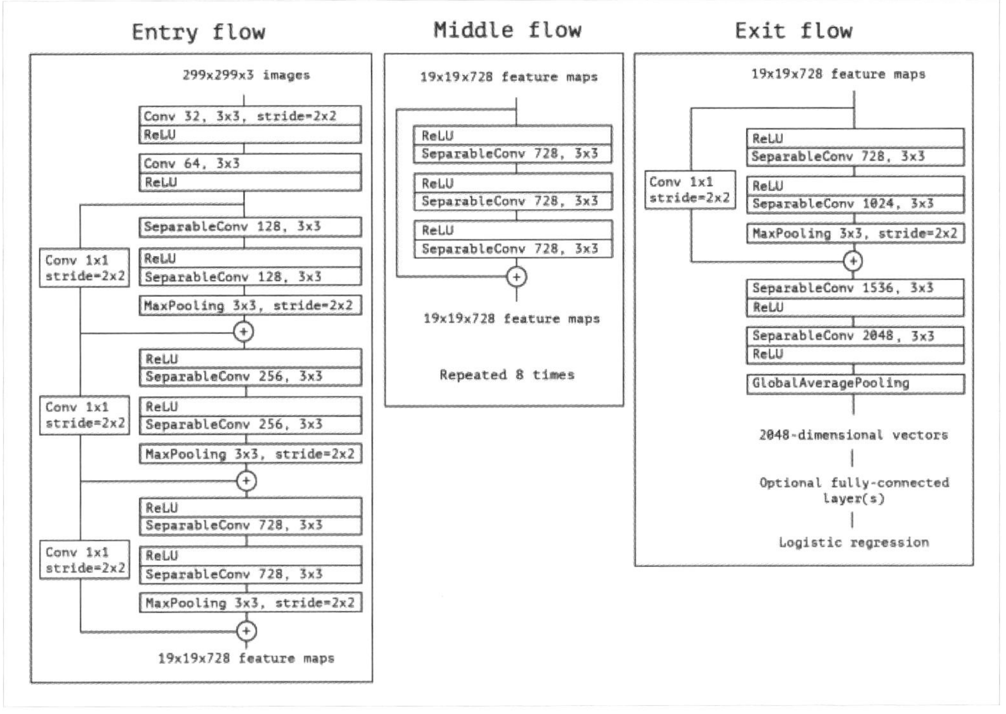

引用：Franc ̧ois Chollet. Xception: Deep Learning with Depthwise Separable Convolutions

4.5.6 データの理解・収集

サンプル画像を把握するために、現場で撮影（入手）した画像を目視確認し、現場で良否判定している担当者と協議しながら、人の判定結果と画像のラベル付け（アノテーション作業といいます）を進めていきます。

特に製造業では、不良の画像データが保存（整理）されていないケースも多々あります。そのようなケースでは、あえて不良品を作ってもらう、あるいは不良品に見えるような加工（例えば傷を入れる）をしてもらうなど、現場の方の協力を得ることが極めて重要となります。製品や設備によっては非定常な状態を作るのが困難な場合や、そもそもまだ不良やトラブルが発生していない場合など、正解ラベル（教師）を作ることが難しいケースもあります。しかし、トラブル時のデータを取得・蓄積して1年後にPoCを実施しましょうでは、一日でも早い解決を望む現場の期待に応えることはできません。

本節では、製造業における製品出荷の際に行う外観検査を想定したケースについて、Pythonのコードを交えながら解説します。ここでは、人が目視で行っていた外観検査について、

CNNを用いた画像認識で良否判定の自動化を進めようとしている想定です。実際にみなさんが業務適用する際は、現場との密なコミュニケーションを図り、検査画像の取得や、ラベル付け（アノテーション作業）を進めていってください。複数人の観点が加わることで、画像認識モデルの識別精度が向上するだけでなく、汎用性（季節変動、材料変更に伴う影響などへの対応）に富んだモデル構築に繋がります。

本節では学習用データとして、trainというフォルダ内にNo_OK.jpg、No_NG.jpgというファイル名でサンプル画像を準備しました。これらのデータを用いて以下の手順で学習を進めていきます。

◇分析環境構築（必須ライブラリの設定）

ここではTensorFlowだけでなく、画像データの取り込み、データ加工、可視化に必要なライブラリを設定します。

```
# 必要なライブラリをインポート
import os
import time
import random

import cv2
import numpy as np
import pandas as pd
import matplotlib.pyplot as plt

import tensorflow as tf
from tensorflow import keras
from tensorflow.keras.models import Sequential,Model
from tensorflow.keras.layers import Dense, Dropout, Activation, Flatten,
BatchNormalization, Input, Lambda
from tensorflow.keras.optimizers import Adam
from tensorflow.keras.layers import Conv2D, MaxPooling2D, ZeroPadding2D,
GlobalAveragePooling2D
from tensorflow.keras.preprocessing.image import ImageDataGenerator,array_to_img
```

```
from tensorflow.keras import regularizers
from tensorflow.keras.utils import to_categorical
from tensorflow.keras.applications.inception_v3 import preprocess_input
# 転移学習用
from tensorflow.keras.applications import InceptionResNetV2,Xception
from tensorflow.keras.callbacks import TensorBoard, ModelCheckpoint, EarlyStopping,
CSVLogger

%matplotlib inline
%config InlineBackend.figure_format = 'retina'
```


◇関数を定義

```
#　関数定義：ディレクトリ構成によって分類された画像データと対応したラベルを取得
def load_images(imdir):
    img_data = []
    labels = []
    idx_to_label = []
    i = -1
    # NG, OKのディレクトリを順に読み込む
    for path in os.listdir(imdir):
        pathes = os.path.join(imdir, path)
        # ディレクトリ名をラベルとする
        labels.append(path)
        i = i+1
        # それぞれのラベルごとに画像読み込み
        for img in os.listdir(pathes):
            img_path = os.path.join(pathes, img)
            image = cv2.imread(img_path)
            image = cv2.resize(image, (299, 299))
            img_data.append(image)
            idx_to_label.append(i)
    return np.array(img_data), np.array(idx_to_label), labels
```

```
# 関数定義：ディレクトリ名をラベルとして抽出
def mylistdir(imdir):
    filelist = os.listdir(imdir)
# 「.」のないもの=ディレクトリ名をリスト化
    return [x for x in filelist if not (x.startswith('.'))]

# 学習済モデルを使って特徴量を抽出
def get_features(MODEL, data):
    width = 299
    cnn_model = MODEL(include_top=False, input_shape=(width, width, 3),
weights='imagenet')
    inputs = Input((width, width, 3))
    x = inputs
    x = Lambda(preprocess_input, name='preprocessing')(x)
    x = cnn_model(x)
    x = GlobalAveragePooling2D()(x)
    cnn_model = Model(inputs, x)
    features = cnn_model.predict(data, batch_size=64, verbose=1)
    return features
```

データの読み込みを確認します。95 枚の画像が 299 × 299（RGB の 3 チャネル）にリサイズされ、OK/NG のフラグ付けがされていることを確認します。

```
trn_data_path = 'train'
# 学習データのロード
X_train, y_train, label_data = load_images(trn_data_path)

print(X_train.shape)
print(y_train.shape)
print(label_data)
```

出力結果

```
(95, 299, 299, 3)
(95,)
['NG', 'OK']
```

次に、取り扱いしやすいようにラベル表記に変更します。

```
# 学習データのラベル
train_list = mylistdir('train')
n_class = len(train_list)

# ラベルと通し番号の対応
class_to_num = dict(zip(train_list, range(n_class)))
num_to_class = dict(zip(range(n_class), train_list))
print(class_to_num)
print(num_to_class)
```

出力結果

```
{'NG': 0, 'OK': 1}
{0: 'NG', 1: 'OK'}
```


4.5.7 画像の確認および可視化

データの取り込みが完了したら、以下の Python コードを用いて良品と不良品の画像をそれぞれランダムに抽出し、両方を一つの画面で見比べながらアノテーション作業が正しく行われているか、現場視点が取り込まれているかを確認します。一人の担当者の観点でモデルを構築してしまうと、現場適用した際に他の担当者から識別結果が正しくないとの声が上がることがあります。定量化しにくい外観検査では**図 4.21** のように可視化して意思統一を図ることが識別精度の向上に繋がります。

```
# 学習データの枚数
n=y_train.shape[0]
# 学習データの例をいくつか表示
plt.figure(figsize=(12, 6))
for i in range(8):
    random_index = random.randint(0, n-1)
    plt.subplot(2, 4, i+1)
    plt.imshow(X_train[random_index][:,:,::-1])
    plt.title(num_to_class[y_train[random_index].argmax()])
```

図 4.21　画像確認

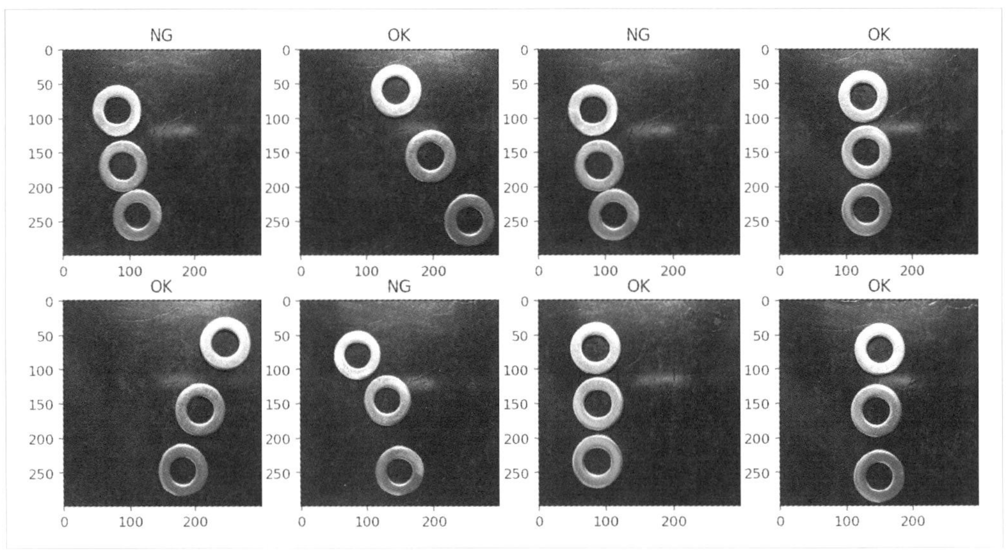

また、今回のように教師データとなるサンプル画像が少ないケースでは、データの水増し（拡張）を行います。本節ではImageDataGeneratorを使って、画像の反転や回転などを行い、データを水増しします。

```
# 画像拡張方法を指定
DA_generator = ImageDataGenerator(
        rotation_range=40,
        width_shift_range=0.0,
        height_shift_range=0.0,
        shear_range=0.2,
        zoom_range=0.2,
        horizontal_flip=True,
        vertical_flip=True,
        fill_mode='nearest')
train_DA_generator = DA_generator.flow(X_train, y_train,
                                       batch_size=X_train.shape[0])
X_train_list = []
y_train_list = []
# 何倍に画像水増しするか
```

```
increase_num = 6
for i, batch in enumerate(train_DA_generator):
    for img_one, label in zip(batch[0], batch[1]):
        X_train_list.append(img_one)
        y_train_list.append(label)

    if i == (increase_num-1):
        break  # 停止しないと無限ループ
X_train = np.array(X_train_list)
y_train = np.array(y_train_list)
print(X_train.shape)
print(y_train.shape)
num_of_classes = 2
# クラス分類のための表記に変更、リストの何番目が1になるかで分類
Y_train = to_categorical(y_train, num_of_classes)
```

出力結果

```
Instructions for updating:
Call initializer instance with the dtype argument instead of passing it to the
constructor
570/570 [==============================] - 73s 129ms/sample
570/570 [==============================] - 62s 108ms/sample (570, 299, 299, 3)
(570,)
```

さらに、教師データが少ないケースでは、世の中に公開されている学習済みモデル（本節ではImageNetから学習したInceptionResNetV2、Xceptionを使用）から物体の特徴量を転移学習により取り込むことで、効率的な学習を進めていきます。

```
incetpinResnet_features = get_features(InceptionResNetV2,X_train)
xception_features = get_features(Xception, X_train)
# ResNetとXceptionから抽出された特徴量を結合
features = np.concatenate([incetpinResnet_features, xception_features], axis=-1)
```

4.5.8 データ分析・モデリング

ここでは、データの拡張（水増し）で増やした教師データ 570 枚のうち 513 枚で学習し、残り 57 枚で検証する設定としました。

```
# 学習時の条件
batch_size = 16
epochs = 300
dropout_rate = 0.5
# early stoppingの際に使用するパラメータ
patiences = 15
model_name = "transfer_models"

def running():
    if not os.path.exists('checkpoints'):
        os.makedirs('checkpoints')
    if not os.path.exists('logs'):
        os.makedirs('logs')

    checkpointer = ModelCheckpoint(
        filepath=os.path.join('checkpoints',model_name+'-' \
                              +'.{epoch:03d}-{val_loss:.3f}.hdf5'),
        verbose=1,save_best_only=True)

    tb = TensorBoard(log_dir=os.path.join('logs', model_name))

    early_stopper = EarlyStopping(patience=patiences)

    timestamp = time.time()

    csv_logger = CSVLogger(os.path.join('logs', model_name + '-' + 'training-' + \
                                        str(timestamp) + '.log'))
```

```
    inputs = Input(features.shape[1:])
    x = inputs
    x = Dropout(dropout_rate)(x)
    x = Dense(n_class, activation='softmax')(x)
    model = Model(inputs, x)
    model.compile(optimizer='adam',
                  loss='categorical_crossentropy',
                  metrics=['acc'])

    h = model.fit(features,Y_train, batch_size=batch_size,
                  epochs=epochs,
                  validation_split=0.1,
                  callbacks=[tb, early_stopper, csv_logger,checkpointer])
    return h, model
```

学習中の状況をモニタするために、コールバックと可視化の設定をしておきます。また、学習が進まなくなった場合に学習をストップするEarlyStoppingを設定しておきます。

```
from tensorflow.keras.callbacks import TensorBoard, ModelCheckpoint, EarlyStopping,
CSVLogger
```

学習回数を設定します。PC環境に準じて、処理時間があまり長くならないようにbatch_size、epochsを調整してください。

```
batch_size = 128
epochs = 300
dropout_rate=0.5
patiences=15
model_name = "transfer_models"
```

(1) 学習の実行

次のコマンドを実行すると学習が始まります。Epochごとに学習が進んでいる（Loss関数が減少している）のを確認してください。今回のケースではEpoch数を300回に設定しました。

```
h, model = running()
```

出力結果

```
Train on 513 samples, validate on 57 samples
Epoch 1/300
256/513 [=============>................] - ETA: 0s - loss: 0.7210 - acc: 0.5781
Epoch 00001: val_loss improved from inf to 0.56746, saving model to checkpoints\
transfer_models-.001-0.567.hdf5
513/513 [==============================] - 4s 8ms/sample - loss: 0.6546 - acc: 0.6238 -
val_loss: 0.5675 - val_acc: 0.7719
Epoch 2/300
272/513 [==============>..............] - ETA: 0s - loss: 0.5338 - acc: 0.7463
Epoch 00002: val_loss improved from 0.56746 to 0.48619, saving model to checkpoints\
transfer_models-.002-0.486.hdf5
513/513 [==============================] - 0s 257us/sample - loss: 0.5047 - acc: 0.7485
- val_loss: 0.4862 - val_acc: 0.7368
Epoch 3/300
288/513 [===============>.............] - ETA: 0s - loss: 0.4235 - acc: 0.8125
Epoch 00003: val_loss improved from 0.48619 to 0.40741, saving model to checkpoints\
transfer_models-.003-0.407.hdf5
513/513 [==============================] - 0s 239us/sample - loss: 0.3838 - acc: 0.8382
- val_loss: 0.4074 - val_acc: 0.8421

......

Epoch 298/300
```

```
304/513 [===============>............] - ETA: 0s - loss: 0.0367 - acc: 0.9868
Epoch 00298: val_loss did not improve from 0.06066
513/513 [==============================] - 0s 202us/sample - loss: 0.0378 - acc: 0.9864
- val_loss: 0.1473 - val_acc: 0.9474
Epoch 299/300
304/513 [===============>............] - ETA: 0s - loss: 0.0245 - acc: 0.9901
Epoch 00299: val_loss did not improve from 0.06066
513/513 [==============================] - 0s 202us/sample - loss: 0.0309 - acc: 0.9864
- val_loss: 0.0919 - val_acc: 0.9825
Epoch 300/300
304/513 [===============>............] - ETA: 0s - loss: 0.0463 - acc: 0.9770
Epoch 00300: val_loss did not improve from 0.06066
513/513 [==============================] - 0s 208us/sample - loss: 0.0339 - acc: 0.9844
- val_loss: 0.0869 - val_acc: 0.9825
```

(2) 学習結果の可視化

学習が上手く進んでいるか、Loss 関数と Epoch 数のカーブから判断していきます。

図 4.22 の左に示すように、Epoch 数が増えることで Loss 関数の値が減少する曲線が描かれており、かつ右のように Accuracy（精度）が上昇していれば、学習が正しく行われたと判断します。グレーの線は学習用、青い線は検証用データです。Epoch 数が増えるごとに Loss 関数が減少していくのが読み取れます。一方で Accuracy については、Epoch 数が 50 回以上では val_accuracy の精度は 95% 以上という高い水準で推移していることから、現場へ適用し、追加データを取得しながら精度向上を進めていけるレベルと判断することができるでしょう。

```
plt.figure(figsize=(10, 4))

# 学習時のロスを可視化
plt.subplot(1, 2, 1)
plt.plot(h.history['loss'])
plt.plot(h.history['val_loss'])
```

```
plt.legend(['loss', 'val_loss'])
plt.ylabel('loss')
plt.xlabel('epoch')

# 学習時のaccuracyを可視化
plt.subplot(1, 2, 2)
plt.plot(h.history['acc'])
plt.plot(h.history['val_acc'])
plt.legend(['accuracy', 'val_accuracy'])
plt.ylabel('accuracy')
plt.xlabel('epoch')

plt.savefig('result.png')
```

図 4.22 学習状況確認（出力結果）

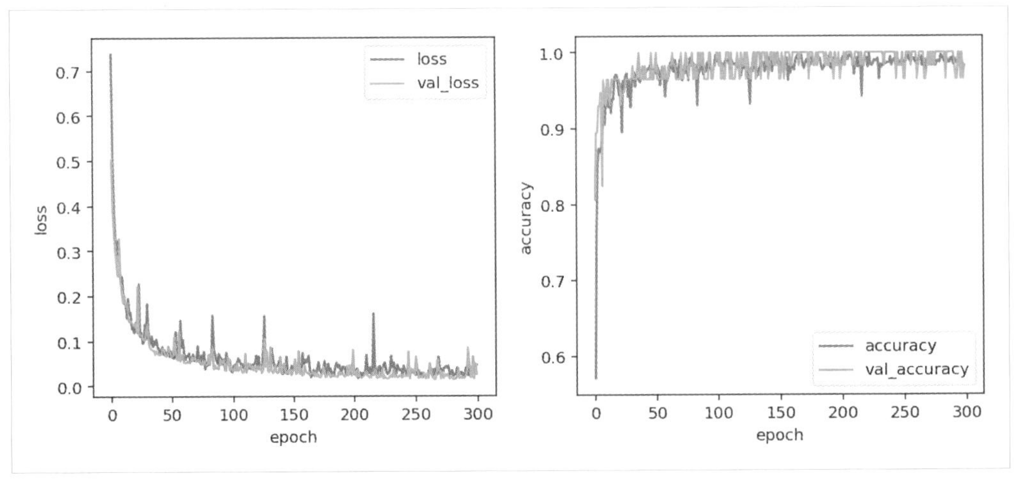

4.5.9 分析結果の考察

ここまでで、95％以上の精度で不良を発見できるモデルを構築することができました。そうなると、次は実際の現場で判定を行いたくなるものです。しかし、いきなり組み立てラインへの 100% 適用（人との入れ替え）は難しいので、人手の検査と AI の検査を並行して比較することが一般的です。

そこで現場適用を想定したテスト用データとして、Test_Dataというフォルダ内にサンプル画像を準備しました。これについて学習モデルで判定を行ってみましょう。なお、テスト用データに学習用データは含まれておらず、かつ現場適用時に発生し得るフォーカスや不良の具合が異なる画像が保存されています。

◇検査画像ファイルの読み込み


```
# テストデータも学習データと同様の処理を行う
test_data_path = 'test'

X_test, y_test, label_data = load_images(test_data_path)

print(X_test.shape)
print(y_test.shape)
print(label_data)
```

出力結果

```
(15, 299, 299, 3)
(15,)
['NG', 'OK']
```

```
num_of_classes = 2
# ラベルを学習可能な形式に変更
Y_test = to_categorical(y_test, num_of_classes)

# テストデータのラベル
test_list = mylistdir('test')
n_class = len(test_list)

# ラベルと通し番号の対応
class_to_num = dict(zip(test_list, range(n_class)))
print(class_to_num)
```

出力結果

```
{'NG': 0, 'OK': 1}
```

```
incetpinResnet_features = get_features(InceptionResNetV2,X_test)
xception_features = get_features(Xception, X_test)
# ResNetとXceptionから抽出された特徴量を結合
test_features = np.concatenate([incetpinResnet_features, xception_features], axis=-1)
test_features.shape
```

出力結果

```
15/15 [==============================] - 20s 1s/sample

15/15 [==============================] - 13s 853ms/sample

(15, 3584)
```

◇学習済モデルの読み込み、精度評価

```
# 保存した学習モデルをロード
# 今回は学習済モデルを記載、新たな学習モデルを適用する際は、モデル名を変更して下さい。
model.load_weights("checkpoints/model_example.hdf5")

# accuracyで評価
score = model.evaluate(test_features, Y_test, verbose=0)
print('Test loss:', score[0])
print('Test accuracy:', score[1])
```

出力結果

```
Test loss: 0.42827415466308594

Test accuracy: 0.8
```

精度評価の結果は80%でした。学習データに対する精度よりは低い結果となりました。これは、画像のピントがズレているなど、学習時に対して検査環境の変化が原因と想定されます。

では、実際に目視検査とCNNの学習済モデルで判定精度を比べた際に、どのような状況が

考えられるでしょうか？ ベストケースは人と同程度またはそれ以上の精度が得られることです。そうなれば、人間と機械による検査を並行して行うことで、担当者のストレスを軽減できるかもしれません。一方で、本検証のように精度が低下することも想定されます。ではその場合、どのような原因を想定し、どのようなアプローチで解決するのが良いでしょう？

すでに学習時の識別精度が 70 ～ 90% のようにある程度高い水準に達し、パラメータチューニングを実施しても、それ以上精度の精度向上が見込めないときがあります。このようなときは、先述した可視化に戻ってみることが重要です。

識別精度の向上を考えるあまり、つい数値ばかりを追いかけがちになってしまいますが、実際に現場担当者と一緒になって自分の目（可視化、画像の目視）で確認することが重要です。特に AI が判定を誤ったものについて重点的に学習時と現在生産しているモノを見比べてみてください。季節変動やアノテーション作業時に定義していない事象が発生している場合があります。

4.5.10　業務への適用

学習時は検査工程で発生した不良品の画像をオフライン作業で取得しています。これをライン作業に取り込む際には、現在の作業を変更しないこと（影響を及ぼさない範囲で取り込むこと）が条件になる場合が多く、カメラの設置場所が制約され、業務適用を難しくするケースがあります。現場の作業手順、運用を考慮した上でデータ収集、モデルの学習方針等を現場と相談しながら進めていくことがとても重要です。

また、誤判定の発生頻度は限りなくゼロでなければならないのか、AI が想定外の結果・挙動を示した際はどうするのかなど、現場適用に際しては関連部署を交えた検討が必要となります。

4.6 テキスト解析（文書分類）

本節では、テーブルデータを対象にしたテキスト解析の 1 つである文書分類について説明します。主な適用先としては、コールセンターなどに対する問い合わせを自動的に分類するものや、過去の問い合わせと類似したものを自動でレコメンドしてくれるものがあります。

本節では特に、コールセンターへの問い合わせの自動分類を例に、分析を進めていきます。適用技術としては、BERT（Bidirectional Encoder Representations from Transformers）をベースに説明します。BERT は、近年、自然言語分野で、いろいろなベンチマークで高い精度を出しており、さまざまなタスク（文書分類／翻訳／ Q&A など）で良く使われています。今回は、BERT を文書分類に適用した例で説明します。

4.6.1 目的変数の例

テキスト解析（文書分類）に関する目的変数としては、**表 4.18** のようなものがあります。これらは、3 章で説明した手順・考え方をベースとして、業務課題ごとに設定します。

表 4.18 分野ごとの目的変数の例

分野	活用シーン	業務 KPI	目的変数
コールセンター、 問い合わせ対応窓口	● 問い合わせの自動分類 ● FAQ の自動作成 ● 類似問い合わせのレコメンド など	● 問い合わせ対応時間 ● 受電率 など	問い合わせ分類 類似問い合わせ 故障分類 故障要因 出動要否 投稿の適切 / 不適切 など
保守事業者	● 故障連絡時、過去の類似対応結果や、対応マニュアルのレコメンド	● 故障対応時間 ● 出動率 など	
Web サービス事業者	● 不適切投稿の除外	● 検出率 ● 見逃し率 など	

コールセンターや問い合わせ窓口はさまざまな業種に存在するため、業種共通で活用できます。コールセンターは AI 活用が進んでいる分野の 1 つです。

4.6.2　分析方針の設計

本節では、文書分類手法の1つとして、「教師あり学習」の「テキスト分類」による問い合わせの自動分類を例に説明します。

コールセンターにさまざまな問い合わせが寄せられた際に、適切な担当者に対応してもらうため、人が問い合わせ内容を読んで分類しているケースがあります。これを本節では、問い合わせ内容に応じて適切な分類をAIが行うことで、人の作業負荷を減らしつつ、適切な担当者が対応する事例でみてみましょう（**図4.23**）。

図4.23　問い合わせの自動分類のイメージ

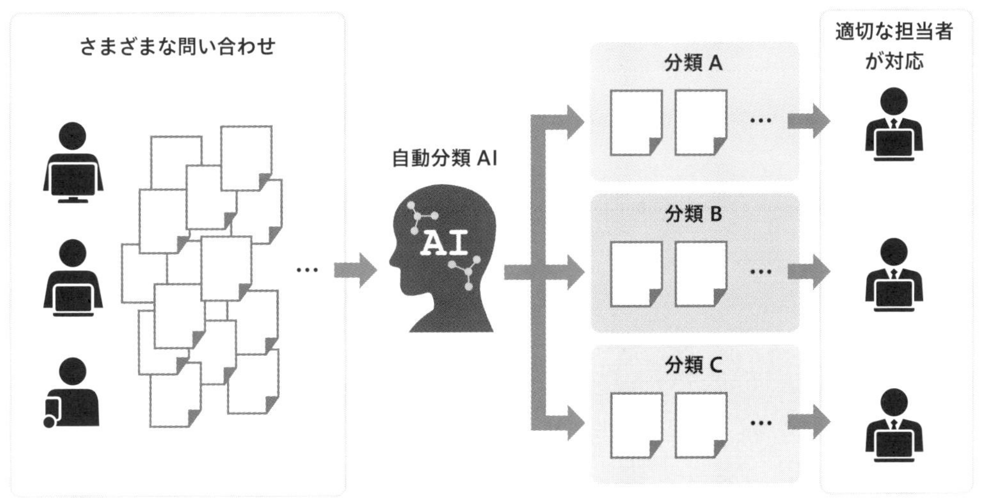

本サンプルでは、データの加工、データ分析・モデリング、および分析モデルの精度評価にフォーカスして説明します。

4.6.3　データの加工

まず最初にデータの読み込みと加工について、説明します。入力データは問い合わせテキストそのものとしているので、ここではファイルの読み込みと質問文とラベルの結合、学習用データと評価用データへの分離を行います。テキストのベクトル化や、ベクトル化の前に実施する空白除去なども、データ加工の一部ですが、モデリングの前処理なので、4.6.4項で記載します。

まずは準備として、処理に必要なライブラリをインポートします。

```
import pandas as pd
import numpy as np
import matplotlib.pyplot as plt
import seaborn as sns
import os

from sklearn.model_selection import train_test_split, StratifiedKFold
from sklearn.metrics import accuracy_score, confusion_matrix

import zenhan
import MeCab

import torch

from transformers import BertJapaneseTokenizer
from transformers import BertModel

import keras
from keras.preprocessing.sequence import pad_sequences
from keras.models import Model, Input, load_model
from keras.layers import Dense, GlobalAveragePooling1D, Dropout
from keras.optimizers import Adam
from keras.callbacks import EarlyStopping, ModelCheckpoint, ReduceLROnPlateau

pd.set_option("display.max_columns", 30)
```

次に分析用データを準備します。本節での分析用データは、尼崎市のオープンデータを活用します。このオープンデータは、京都大学 BERT-based FAQ Retrieval Model のページからダウンロードできます。

http://nlp.ist.i.kyoto-u.ac.jp/index.php?BERT-Based_FAQ_Retrieval

分析データは、「質問文」と「質問カテゴリー」で構成します。ただし、質問文と質問カテゴリーが別々のファイルとなるため、それを結合するデータ加工を行います。

```
df_question = pd.read_csv("./input/localgovfaq/qas/questions_in_Amagasaki.txt", header =
None, sep="\t")
df_question.columns=["index","text"]
df_question.shape
```

出力結果

```
(1786, 2)
```


ダウンロードした質問ファイルには、**表4.19**の内容が記載されており、全体で1,786行あります（ファイル内にはヘッダなし）。

表4.19 質問内容の表（一部）

#	質問内容
0	乳幼児とその親が集う場、地域の母親同士の情報交換や交流の相談先を知りたい。
1	地域総合センター今北へはどう行けばいいですか？
2	……

これをhead()関数で表示すると、**図4.24**のように読み込めていることが確認できます。

図4.24 質問文の読込結果（一部）

	index	text
0	0	乳幼児とその親が集う場、地域の母親同士の情報交換や交流の...
1	1	地域総合センター今北へはどう行けばいいですか？
2	2	市外から尼崎市内へ住所を移すときはどうしたらいいですか？（...
3	3	尼崎市内の事業系ごみの直接搬入について知りたい。
4	4	【特定健診】ハーティ２１（人間ドックを実施していた場所）で健診...

さらに質問カテゴリーとして、手動でラベル付けしたデータを読み込みます。1カラム目は問い合わせ番号で、2カラム目以降は分類ラベル0/1を付けたデータです。このサンプルデータはシングルラベルになっており、1つのテキストに1つのラベルを付与しています。実際には、1つの質問文が複数のカテゴリーにまたがることもありますが、今回は分析をシンプルに

するため、1つのテキストに1つのラベルとしています。

手動で付与したラベルの一部をhead()関数で表示します（**図 4.25**）。

```
#尼崎市のオープンデータに手動でラベル付けしたデータ
fname = "sample_input_amagasaki_label.csv"

df_label = pd.read_csv("./input/" + fname)
df_label = df_label.fillna(0)
print(df_label.shape)
df_label.head()
```

出力結果

```
(1786, 16)
```

図 4.25 手動でのラベル付与データ（一部）（出力結果）

	戸籍・住民票・印鑑登録	福祉	保険・医療・年金	税金	こども・青少年・教育	住まいとくらし	学ぶ・遊ぶ	環境・緑化・動物	しごと・産業	健康・衛生	市政・市の仕組み	市民参画とまちづくり	道路・住宅・都市整備	特定健康調査	防災	その他
0	0.0	0.0	0.0	0.0	1.0	0.0	0.0	0.0	0.0	0.0	0.0	0.0	0.0	0.0	0.0	0.0
1	0.0	0.0	0.0	0.0	0.0	0.0	0.0	0.0	0.0	0.0	0.0	0.0	0.0	0.0	0.0	1.0
2	1.0	0.0	0.0	0.0	0.0	0.0	0.0	0.0	0.0	0.0	0.0	0.0	0.0	0.0	0.0	0.0
3	0.0	0.0	0.0	0.0	0.0	0.0	0.0	1.0	0.0	0.0	0.0	0.0	0.0	0.0	0.0	0.0
4	0.0	0.0	0.0	0.0	0.0	0.0	0.0	0.0	0.0	1.0	0.0	0.0	0.0	0.0	0.0	0.0

付与したラベルは、全部で16種類になり、それは**表 4.20**の通りです。

表 4.20 16種類のラベル

#	ラベル
1	戸籍・住民票・印鑑登録
2	福祉
3	保険・医療・年金
4	税金
5	こども・青少年・教育
6	住まいとくらし
7	学ぶ・遊ぶ
8	環境・緑化・動物

#	ラベル
9	しごと・産業
10	健康・衛生
11	市政・市の仕組み
12	市民参画とまちづくり
13	道路・住宅・都市整備
14	特定健康調査
15	防災
16	その他

そして質問とラベルに分かれていたデータを結合します。この結合したデータが分析用データとなります（**図 4.26**）。

```
# ラベルと結合
df = pd.concat([df_question, df_label],axis=1)
df.head()
```

図 4.26 結合したデータ（一部）（出力結果）

	index	text	戸籍・住民票・印鑑登録	福祉	保険・医療・年金	税金	こども・青少年・教育	住まいとくらし	学ぶ・遊ぶ	環境・緑化・動物	しごと・産業	健康・衛生	市政・市の仕組み	市民参画とまちづくり	道路・住宅・都市整備	特定健康調査	防災	その他
0	0	乳幼児とその親が集う場、地域の母親同士の情報交換や交流の...	0.0	0.0	0.0	0.0	1.0	0.0	0.0	0.0	0.0	0.0	0.0	0.0	0.0	0.0	0.0	0.0
1	1	地域総合センター今北へはどう行けばいいですか？	0.0	0.0	0.0	0.0	0.0	0.0	0.0	0.0	0.0	0.0	0.0	0.0	0.0	0.0	0.0	1.0
2	2	市外から尼崎市内へ住所を移すときはどうしたらいいですか？（...	1.0	0.0	0.0	0.0	0.0	0.0	0.0	0.0	0.0	0.0	0.0	0.0	0.0	0.0	0.0	0.0
3	3	尼崎市内の事業系ごみの直接搬入について知りたい。	0.0	0.0	0.0	0.0	0.0	0.0	0.0	1.0	0.0	0.0	0.0	0.0	0.0	0.0	0.0	0.0
4	4	【特定健診】ハーティ２１（人間ドックを実施していた場所）で健診...	0.0	0.0	0.0	0.0	0.0	0.0	0.0	0.0	0.0	1.0	0.0	0.0	0.0	0.0	0.0	0.0

分析用データを学習用と評価用に分離し、インデックスを振り直します。分離した結果、学習用データが1,428行、評価用データが358行となります。

```
# train/testに分離
df_train, df_test = train_test_split(df,train_size = 0.80, random_state=123)
print(df_train.shape, df_test.shape)
# インデックスを振りなおし
df_train = df_train.reset_index(drop=True)
df_test = df_test.reset_index(drop=True)
```

出力結果

```
(1428, 18) (358, 18)
```

学習用データ・評価用データに対して全ての分類が入っているか、それぞれの分類に何件くらいのデータが入っているかを確認します。本サンプルでは記載していませんが、分析用データの分布と、学習用・評価用データの分布が大きく変わっていないことを確認するケースもあります。

```
list_category = list(df_train.columns[2:18])
print("学習用データの分類数: {}".format(len(list_category)))
list_category_test = list(df_test.columns[2:18])
print("評価用データの分類数: {}".format(len(list_category_test)))
```

出力結果

```
学習用データの分類数: 16
評価用データの分類数: 16
```

学習用データの各分類に何件ずつテキストが入っているか、棒グラフで可視化します。（**図4.27**）

```
plt.rcParams['font.family'] = 'IPAexGothic'

plt.figure(figsize=(15, 5))
df_train[list_category].agg("sum").plot.bar()
plt.grid()
```

図4.27 学習用データの分布確認（出力結果）

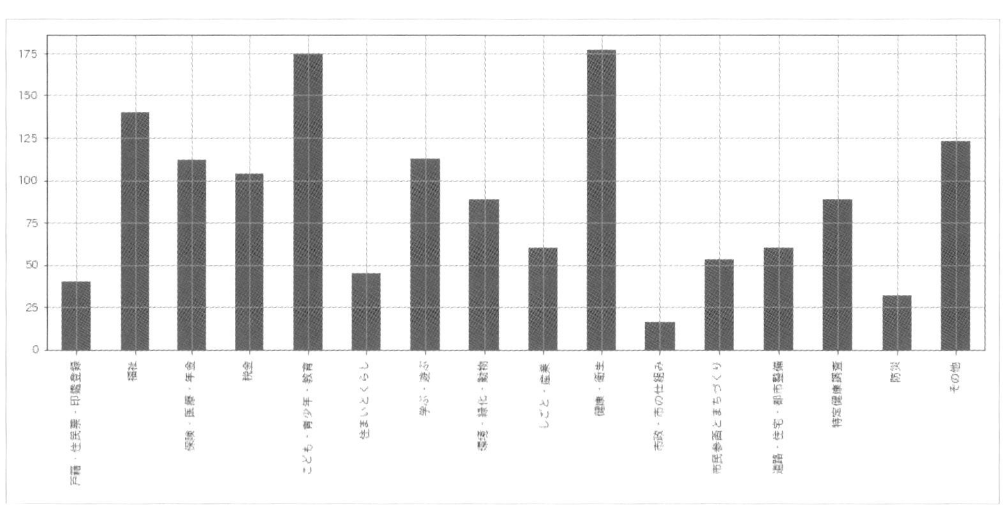

同様に、評価データの各分類に何件ずつテキストが入っているかを確認します（**図 4.28**）。

```
plt.figure(figsize=(15, 5))
df_test[list_category].agg("sum").plot.bar()
plt.grid()
```

図 4.28 評価用データの分布確認（出力結果）

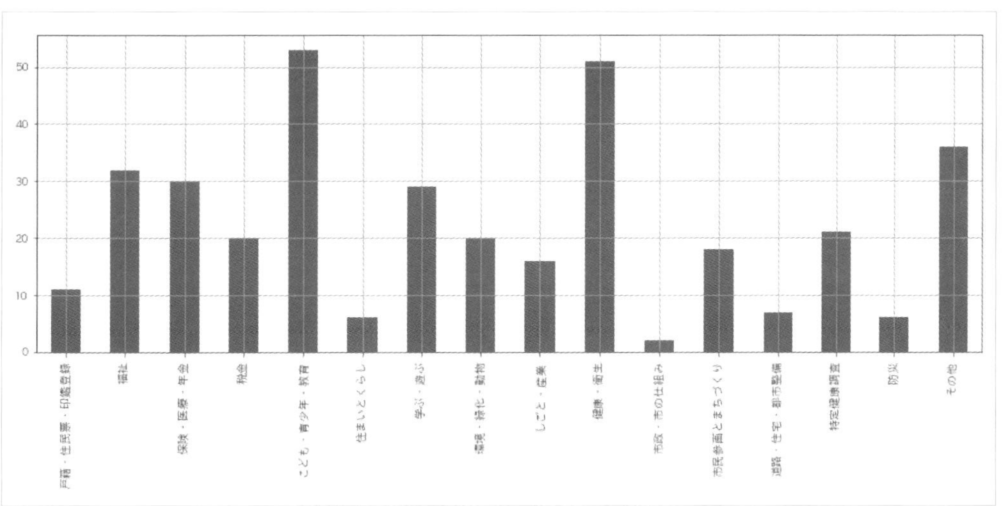

4.6.4 データ分析・モデリング、および分析モデルの精度評価

次に、問い合わせの自動分類を実現するモデルを構築する部分について説明します。モデリングに入る前に、アルファベットや数字などの全角・半角の表記ゆれを統一し、空白削除を行う関数を定義します。

```
# 変換：全角 -> 半角
def z2h(txt):
    txt = zenhan.z2h(txt)
    return txt

# 空白削除
```

```
def del_space(txt):
    txt = txt.replace(" ", "")
    return txt

# 前処理関数
def preprocess_txt(txt):
    txt = z2h(txt)
    txt = del_space(txt)
    return txt
```

次に、BERTで使用する事前学習済みモデルを読み込みます。本サンプルでは東北大学で作成されたモデル（bert-base-japanese-whole-word-masking）を使用します。事前学習済みモデルは以下のサイトから入手可能です。

https://github.com/cl-tohoku/bert-japanese

```
##### BERT
# トークナイザー
# 事前にダウンロード。https://github.com/cl-tohoku/bert-japanese
# BERT-base_mecab-ipadic-bpe-32k_whole-word-mask.tar.xz
tokenizer_bert = BertJapaneseTokenizer.from_pretrained("./pre_trained/BERT-base_mecab-
ipadic-bpe-32k_whole-word-mask")
# 学習済モデルの読み込み
model_bert = BertModel.from_pretrained("./pre_trained/BERT-base_mecab-ipadic-bpe-32k_
whole-word-mask")
```

読み込んだBERTの学習済モデルを活用して、テキストをトークン化して、ベクトル表現に変換する関数を準備しておきます。トークン化は単語を処理できるようにidに変換する処理で、ベクトル化は単語を数値的な特徴ベクトルに変換する処理です。

```
def transform_bert(txt):
    # トークン化(単語をidに変換)
    input_ids = torch.tensor(tokenizer_bert.encode(txt, add_special_tokens=True)).
unsqueeze(0)

    # ベクトル表現に変換 (⇒ 768次元のデータに変換)
```

```
    text_vec = model_bert(input_ids)[0]

    # np.arrayに変換
    text_vec = text_vec.detach().numpy()

    return text_vec
```

そして、学習データと評価データに対する事前処理を実施します。具体的には表記ゆれの是正や空白除去および、先ほど定義した関数によるテキスト文のトークン化、ベクトル化、さらに0埋めのパディングを行います。

パディングとは、入力データの長さが不足している場合に最大文字列の長さに揃える処理です。文章はデータごとに長さが異なりますが、このあとに行う文書分類モデルでは固定長を扱うため、パディングによって長さを揃える必要があります。

```
vector_bert_train = []
vector_bert_test = []
maxlen=460

# 学習用データに対する処理を実施
df_train["text_clean"] = df_train["text"].apply(lambda x: preprocess_txt(x))

for idx in np.arange(len(df_train["text_clean"])):
    print("\r {}/{} ({:.1f}%), maxlen:{}".format(idx+1, len(df_train["text"]), (idx+1) /
len(df_train["text"]) * 100), end="")
    txt =df_train["text_clean"][idx]
    txt_vector = transform_bert(txt)[0]

    vector_bert_train.append(txt_vector)

# padding: 最大長に合わせて0埋め
vector_bert_train = pad_sequences(vector_bert_train, maxlen=maxlen, padding="post",
truncating="post", dtype=np.float32, value=0)
print("\n")
print(vector_bert_train.shape)
```

出力結果

```
1428/1428 (100.0%)
(1428, 460, 768)
```

```
# 評価用データに対する処理を実施
df_test["text_clean"] = df_test["text"].apply(lambda x: preprocess_txt(x))

for idx in np.arange(len(df_test["text_clean"])):
    print("\r {}/{} ({:.1f}%), maxlen:{}".format(idx+1, len(df_test["text"]), (idx+1) / 
len(df_test["text"]) * 100), end="")
    txt =df_test["text_clean"][idx]
    txt_vector = transform_bert(txt)[0]

    vector_bert_test.append(txt_vector)

# padding: 最大長に合わせて0埋め
vector_bert_test = pad_sequences(vector_bert_test, maxlen=maxlen, padding="post", 
truncating="post", dtype=np.float32, value=0)
print("\n")
print(vector_bert_test.shape)
```

出力結果

```
358/358 (99.7%)
(358, 460, 768)
```

ここまでで、モデリングに向けた事前準備は完了です。次に、モデリングを実施していく作業に入ります。この作業では、まず初期状態のモデルを作成するcreate_model()関数を定義します。create_model()関数内では、入力層・隠れ層・出力層を作成し、モデルを定義します。

```
def create_model():
    # input layer
    inputs = Input(shape=vector_bert_train.shape[1:])

    # hidden layer
```

```
    x = Dense(128, activation='relu')(inputs)
    x = Dropout(0.2)(x)
    x = GlobalAveragePooling1D()(x)
    x = Dense(32, activation='relu')(x)
    x = Dropout(0.2)(x)

    # output layer
    outputs = Dense(len(list_category), activation='softmax')(x)

    # define model
    model = Model(inputs=inputs, outputs=outputs)

    model.compile(loss='categorical_crossentropy',
                  metrics=["accuracy"],
                  optimizer=Adam(lr=0.01, beta_1=0.9, beta_2=0.999),
                 )
    return model
```

定義したモデルについて、サマリを表示すると、次の通りとなります。

```
create_model().summary()
```

出力結果

```
Model: "model_1"
_________________________________________________________________
Layer (type)                 Output Shape              Param #
=================================================================
input_1 (InputLayer)         (None, 460, 768)          0
_________________________________________________________________
dense_1 (Dense)              (None, 460, 128)          98432
_________________________________________________________________
dropout_1 (Dropout)          (None, 460, 128)          0
_________________________________________________________________
global_average_pooling1d_1 ( (None, 128)               0
_________________________________________________________________
dense_2 (Dense)              (None, 32)                4128
```

```
_________________________________________________________________
dropout_2 (Dropout)          (None, 32)              0
_________________________________________________________________
dense_3 (Dense)              (None, 16)              528
=================================================================
Total params: 103,088
Trainable params: 103,088
Non-trainable params: 0
_________________________________________________________________
……
```

次に学習に向けて、処理を開始していきます。まず、これから作成する学習済モデルを格納するフォルダを作成します。

```
##### 格納フォルダがない場合にフォルダを作成
# modelフォルダ配下に，学習済モデルを格納する。
if not os.path.exists("./model"):
    os.mkdir("./model")
```

そして、予測値・評価結果を格納しておくデータの変数を作成しておきます。

```
##### 予測値・評価結果を格納するデータの作成
# oof
y_oof = np.zeros(len(df_train) * len(list_category)).reshape(-1, len(list_category))
# metric
metric_auc = []
```

次に、モデルの学習を開始していきます。交差検証を実施して、モデルの汎化性能を確保するように努めています。

具体的な処理としては、以下の４つを実施していく形となります。

① **学習に利用するデータを、学習用と検証用に分離**

- 交差検証を実施するため、データを分離します。
- 5 分割としているため、学習用と検証用で 8:2 の割合となります。

② **初期状態のモデルを作成**

- 定義した create_model() 関数を利用して、初期状態のモデルを作成します。

③ **モデルに対する訓練を実施**

- 分割した学習用データを用いて、モデルを訓練します。
- 精度が収束してきた段階で、その fold の訓練を停止するようにします。

④ **モデルに対する評価を実施**

- 評価としては、Accuracy（正解率）を表示するようにします。


```
%%time

x = vector_bert_train
y = df_train[list_category].reset_index(drop=True)
y_label = np.argmax(np.array(y),axis=1)

kf = list(StratifiedKFold(n_splits=5, shuffle=True, random_state=123).split(x, y_label))

##### foldごとにモデル学習
for nfold in np.arange(5):
    print("="*30, nfold, "="*30)
    # path設定
    fpath_model = "./model/model_fold" + str(nfold) +  ".pth"
    print(fpath_model)

    # 学習に利用するデータを, cv(cross validation)のfoldごとに学習用と検証用に分離
    idx_tr, idx_va = kf[nfold]
    x_tr, y_tr = x[idx_tr], y.loc[idx_tr, :]
    x_va, y_va = x[idx_va], y.loc[idx_va, :]
    y_label_tr,y_label_va = y_label[idx_tr], y_label[idx_va]
    print(x_tr.shape, x_va.shape)
```

```
    ############### create_model ###############
    print("-"*20, "create model", "-"*20)
    model = create_model()

    ############### training ###############
    print("-"*20, "fit", "-"*20)
    model.fit(x_tr,
              y_tr,
              epochs=1000000,
              batch_size=32,
              validation_data=(x_va, y_va),
              callbacks=[
                  ModelCheckpoint(filepath=fpath_model, monitor="val_loss", verbose=1,
save_best_only=True),
                  ReduceLROnPlateau(monitor="val_loss", factor=0.1, patience=8,
verbose=1),
                  EarlyStopping(monitor="val_loss", patience=16, verbose=1),
              ],
              verbose=1
             )

    ############### evaluate ###############
    print("-"*20, "evaluate", "-"*20)
    model = load_model(fpath_model)
    y_tr_pred = model.predict(x_tr, verbose=1)
    y_tr_pred_label = np.argmax(y_tr_pred,axis=1)
    y_va_pred = model.predict(x_va, verbose=1)
    y_va_pred_label = np.argmax(y_va_pred,axis=1)
    #
    # oof
    y_oof[idx_va] = y_va_pred
    #
```

```
        # acc
        acc_tr = accuracy_score(y_label_tr, y_tr_pred_label)
        acc_va = accuracy_score(y_label_va, y_va_pred_label)
        # metric: auc
        metric_auc.append([nfold,acc_tr,acc_va])

        print(acc_tr)
        print(acc_va)
```


出力結果

```
============================== 0 ==============================
./model/model_fold0.pth
(1142, 460, 768) (286, 460, 768)
-------------------- create model --------------------
-------------------- fit --------------------
Train on 1142 samples, validate on 286 samples
Epoch 1/1000000
1142/1142 [==============================] - 4s 4ms/step - loss: 2.4785 - accuracy:
0.1795 - val_loss: 2.1432 - val_accuracy: 0.3252

Epoch 00001: val_loss improved from inf to 2.14324, saving model to ./model/model_fold0.
pth
Epoch 2/1000000
1142/1142 [==============================] - 4s 3ms/step - loss: 1.8002 - accuracy:
0.4483 - val_loss: 1.6164 - val_accuracy: 0.5350

Epoch 00002: val_loss improved from 2.14324 to 1.61640, saving model to ./model/model_
fold0.pth
……
valid_1's rmse: 5.13384
```

これでモデル学習が完了したので、学習結果を表示します。fold ごとに、Accuracy（正解率）を表示しています。TensorFlow の学習にはランダム性があり、今回、固定していないので、少し異なる結果が表示されることになるかと思います（固定することで同じ結果を常に得ることもできます)。

```
############### result ###############
# metric: auc (all)
print("metric: auc")
metric_auc =  pd.DataFrame(metric_auc, columns=["nfold","acc_tr","acc_va"])

# result: fold, oof
print("result: fold, oof")
metric_auc_oof = accuracy_score(y_label, np.argmax(y_oof,axis=1))

print(metric_auc)
print(metric_auc_oof)
```

出力結果

```
metric: auc
result: fold, oof
   nfold    acc_tr    acc_va
0      0  0.917688  0.737762
1      1  0.869527  0.737762
2      2  0.885289  0.713287
3      3  0.844269  0.694737
4      4  0.873141  0.719298
0.7205882352941176
```

この学習したモデルを活用して、評価用データに対して推論を実施していきます。各 fold で作成したモデルを使ってそれぞれを推論しています。各 fold のモデルで推論した結果を平均することで、全てのモデルの結果が反映されるようにしています。

```
%%time
# 評価用データのみ取り出す
x_test = vector_bert_test
```

```
print(x_test.shape)

# 予測値を格納するデータ
y_test_pred = np.zeros(len(x_test)*len(list_category)).reshape(-1, len(list_category))

# 予測
for nfold in np.arange(5):
    print("-"*30, nfold, "-"*30)
    fpath_model = "./model/model_fold" + str(nfold) + ".pth"
    model = load_model(fpath_model)
    y_test_pred += model.predict(x_test, verbose=1) / 5

# 予測データの作成
result = pd.DataFrame(y_test_pred, columns=list_category)
```


出力結果

```
(358, 460, 768)
------------------------------ 0 ------------------------------
358/358 [==============================] - 1s 2ms/step
------------------------------ 1 ------------------------------
358/358 [==============================] - 1s 2ms/step
------------------------------ 2 ------------------------------
358/358 [==============================] - 1s 2ms/step
------------------------------ 3 ------------------------------
358/358 [==============================] - 1s 2ms/step
------------------------------ 4 ------------------------------
358/358 [==============================] - 1s 2ms/step
Wall time: 7.34 s
```

作成した予測データは次のようになります（**図 4.29**）。テキスト 1 つ 1 つに対し、各分類が割り当てられる確率が算出されています。

```
result.head()
```

図 4.29 作成された予測データ（出力結果）

	戸籍・住民票・印鑑登録	福祉	保険・医療・年金	税金	こども・青少年・教育	住まいとくらし	学ぶ・遊ぶ	環境・緑化・動物	しごと・産業	健康・衛生	市政・市の仕組み	市民参画とまちづくり	道路・住宅・都市整備	特定健康調査
0	4.039657e-03	0.000878	0.959973	3.177772e-02	0.000051	1.733999e-09	1.354131e-08	5.957718e-10	0.000021	0.000271	1.861815e-06	0.000012	3.679078e-09	0.002942
1	7.209647e-02	0.021540	0.005041	6.015267e-02	0.005243	7.155381e-02	1.846049e-02	4.280532e-02	0.053434	0.000547	2.231372e-02	0.004369	2.814227e-01	0.000185
2	3.148079e-10	0.001334	0.000128	1.735966e-07	0.004032	4.140205e-05	3.185252e-05	3.490075e-05	0.000038	0.993269	2.522374e-07	0.000027	1.359115e-09	0.000901
3	2.847932e-06	0.014913	0.001971	4.284864e-05	0.003667	1.859391e-04	1.077469e-04	4.386326e-04	0.001199	0.975124	6.987052e-06	0.000011	4.518383e-07	0.001897
4	1.436435e-03	0.001355	0.000111	6.458630e-04	0.004853	2.582440e-02	7.858259e-01	2.585133e-04	0.002120	0.002083	1.088319e-02	0.135639	7.836245e-05	0.000394

この確率が最大のところに分類されるとして、Accuracy（正解率）を算出します。正解率は、約 76% となりました。

```
y_test_label = np.argmax(np.array(df_test[list_category]),axis=1)

accuracy_score(y_test_label,np.argmax(y_test_pred,axis=1))
```

出力結果

```
0.7597765363128491
```

今回は、あえてシンプルなネットワーク構成にしており、精度を向上できる余地は大きいと考えます。例えば、ネットワーク構成の見直し、BERT 部分の学習、optimizer の調整、学習データの追加などの対策が考えられます。

次に全体の正解率だけでは、各分類がどのくらい正解しているのかが分からないので、結果を confusion_matrix（混同行列）で表示します（**図 4.30**）。行が正解データの分類順で、列が予測データの分類順です。

```
cnf_mat = confusion_matrix(y_test_label,np.argmax(y_test_pred,axis=1))

cnf_mat
```

図 4.30　テキストによる混同行列の表示（出力結果）

```
array([[10,  0,  0,  1,  0,  0,  0,  0,  0,  0,  0,  0,  0,  0,  0,  0],
       [ 1, 25,  2,  0,  2,  0,  1,  0,  0,  0,  0,  0,  0,  0,  0,  1],
       [ 0,  3, 22,  1,  3,  0,  0,  0,  0,  1,  0,  0,  0,  0,  0,  0],
       [ 0,  0,  1, 19,  0,  0,  0,  0,  0,  0,  0,  0,  0,  0,  0,  0],
       [ 0,  1,  1,  0, 43,  0,  2,  1,  1,  4,  0,  0,  0,  0,  0,  0],
       [ 0,  1,  0,  0,  0,  0,  4,  0,  0,  0,  0,  0,  0,  0,  0,  1],
       [ 0,  0,  0,  0,  1,  0, 21,  1,  0,  0,  0,  0,  1,  0,  0,  5],
       [ 0,  0,  0,  0,  0,  0,  3, 11,  0,  1,  0,  0,  2,  0,  0,  3],
       [ 0,  1,  0,  0,  1,  0,  0,  0, 11,  1,  0,  0,  1,  0,  0,  1],
       [ 0,  0,  2,  0,  0,  0,  0,  1,  0, 46,  0,  0,  1,  0,  1,  0],
       [ 0,  0,  1,  0,  0,  0,  0,  0,  1,  0,  0,  0,  0,  0,  0,  0],
       [ 0,  0,  0,  0,  0,  0,  3,  0,  1,  0,  0, 10,  0,  2,  0,  2],
       [ 0,  0,  0,  0,  0,  0,  0,  2,  1,  0,  0,  0,  4,  0,  0,  0],
       [ 0,  0,  0,  0,  1,  0,  0,  0,  0,  0,  0,  0,  0, 20,  0,  0],
       [ 0,  0,  0,  0,  0,  0,  0,  1,  0,  0,  0,  1,  0,  0,  4,  0],
       [ 2,  0,  0,  0,  1,  0,  2,  1,  0,  1,  0,  1,  2,  0,  0, 26]],
      dtype=int64)
```

テキストで表示してみましたが、これでは表示が分かりにくいところがありますので、seabornを使ってヒートマップで可視化します(**図 4.31**)。x軸が正解データで、y軸が予測データとなります。件数が多いところが色の濃い表示となり、対角線に位置付けられた件数が予測と正解が合致した件数なので、この対角線が色濃くなるのが望ましいことになります。

結果として、「住まいとくらし」「市政·市の仕組み」の学習·評価データともに件数が少なく、正解できていないことが分かるので、対策を検討する必要があると言えます。「こども·青少年·教育」、「健康・衛生」については学習・評価データともに件数が多いため、正解率も高いことが分かり、うまく今回のモデルで分類できていると言えます。

```
sns.heatmap(cnf_mat, square=True, cbar=True, annot=True, cmap='Reds',xticklabels=list_
category,yticklabels=list_category)
plt.xlabel("正解")
plt.ylabel("予測")
```

図 4.31　ヒートマップによる混同行列の表示（出力結果）

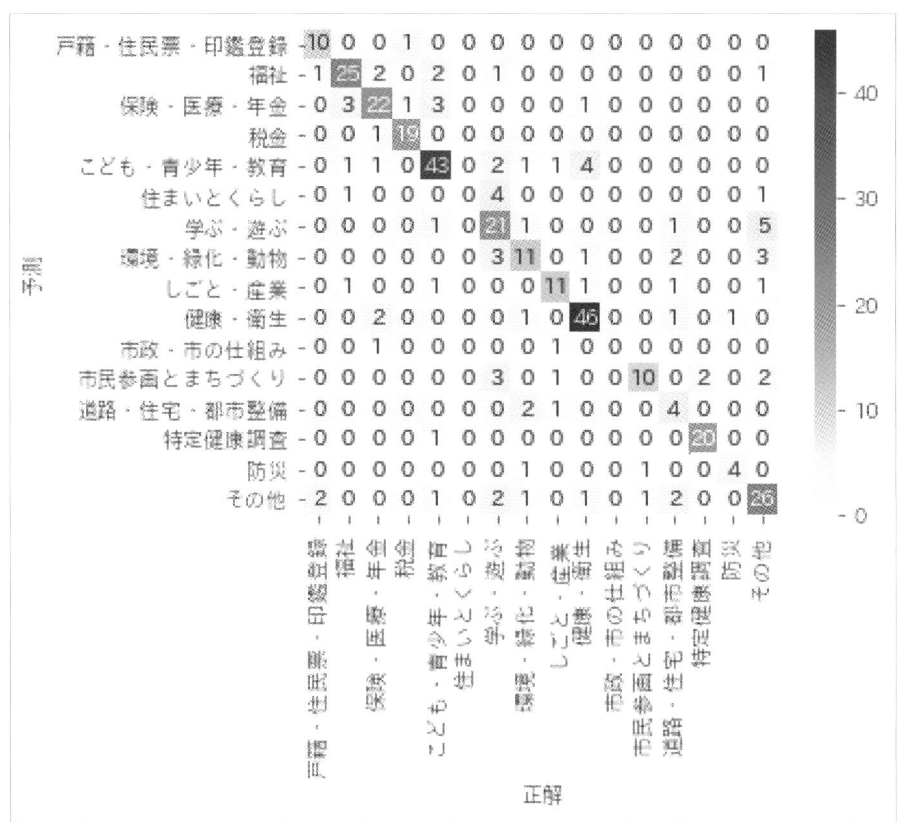

4.6.5 業務への適用

コールセンターに日々寄せられる問い合わせに対して、本節で構築してきた分析モデルを適用することで、自動的な分類が可能となります。これまで人が分類して適切な担当部署・担当者に割り振っていた作業が不要となり、作業時間を削減できます。このように人が実施していた定型的な作業の自動化は、AI を有効活用できる分野の 1 つです。

4.7 数理最適化（生産計画最適化）

本節では、データサイエンスの応用事例のひとつとして生産計画への適用を取り上げます。

データサイエンスの主な目的として、業務部門で発生するデータを分析し、現場で生じるさまざまな事象（機器の故障、在庫量の変動、需要の変化など）の発生要因を把握したり、さらには将来の変化を予測したりするといったことが挙げられます。そうして得られた知見は、最終的には業務部門の意思決定に活用されます。

コンピュータの性能向上や分析技術・ツールの進歩により、これまで熟練者に委ねられていた業務上の意思決定そのものに対しても、データサイエンスの応用が期待されるようになっています。実際に多くのビジネス領域で成功事例が生み出されています。

本節では、製造業における架空の事例を用いて、データサイエンスの意思決定支援への適用を説明します。

4.7.1 プロジェクト起案（事例の概要）

国内大手製造業のA社では、とある工業製品のパーツとなる精密部品を生産しています。このパーツはさまざまなタイプの製品で必要とされる重要なものなので、基本的な構造や機能は同じでもサイズや要求性能、使用する原料等、規格には細かな違いがあり、生産すべき対象は1000種類にのぼります。また、生産に用いる原材料は12種類あり、規格の違いに応じてそれらの使用量が異なります。各製品は国内の3ヶ所の工場で生産していますが、製造設備の違い等により工場ごとに生産可能な製品が異なります。ただし製品によっては複数の工場で生産可能です。

A社は製品を海外に輸出しています。毎月注文があり、港から海外へ出荷しています。出荷先（仕向け国）は10ヶ国ありますが、同じ製品でも販売価格や現地の販売活動にかかるコストの違いなどから、得られる利益が仕向け国ごとに異なっています（**図4.32**）。

以降では、このA社の海外向け生産に関する意思決定に焦点をあてて分析を進めていきます。

図 4.32 対象業務のイメージ（複数の工場で生産し、港から海外へ出荷）

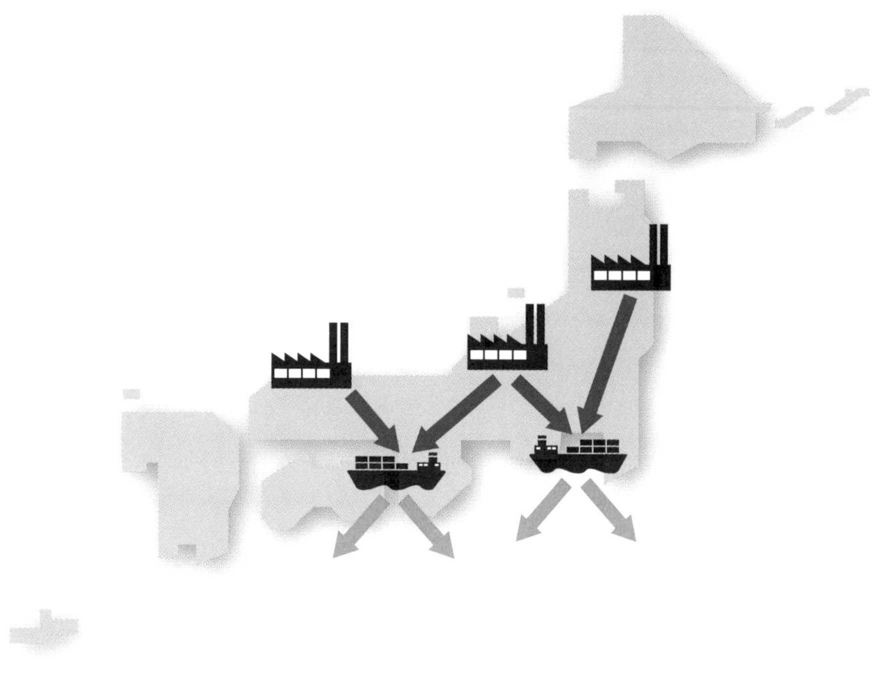

4.7.2 業務課題の把握

業務部門に対して丁寧にヒアリングを行い、現在の業務において何が問題になっているか（あるいはなりそうか）を明確にし、それを踏まえて何を分析、検討すべきかを整理します。

ヒアリングにより以下の点が明らかになりました。

- これまでは需要変動が少なかったため、生産量は基本的に毎月ほぼ一定であった。大口注文があれば個別に対応していた。
- しかし、今後は市況の変化により需要変動が大きくなると見込まれている。そのため、毎月一定量を生産するというポリシーでは、製品の作りすぎや、逆にバックオーダーが多発することが懸念される。なお、ここでバックオーダー（Back Order、B.O.）とは、出荷する製品が足りないため、注文対応を翌月以降へ繰り越すことを意味する。
- バックオーダーの発生は業界の慣習である程度許容されているものの、多すぎると仕向け国の販売会社や顧客からのクレームや信用低下に繋がりかねないので、バックオーダーはできるだけ抱えたくない。

これを踏まえ、今後業務部門としては、各仕向け国からの注文量に応じて月々の生産量を柔軟に決定したいと考えていることが分かりました。

では、1000 種類の製品を 3 ヶ所の工場でどれだけ生産すべきでしょうか？ これを毎月人手で決定するのは容易なことではありません。そこでプロジェクトの主目的を、各工場におけるそれぞれの製品の最適な生産量を導く意思決定モデルを構築することに設定しました。

加えて、業務部門は今後の需要変動に備えて工場の生産能力を強化したいと考えています。これに応えるため、生産能力を強化するのに効果的な施策を検討することを、もうひとつの目的に定めました。

4.7.3 分析方針の決定

課題認識と目的を踏まえ、具体的な分析方針を決定します。なお、本プロジェクトは意思決定モデルを導くことが主眼のため、ここで分析方針を決定するというのは、厳密には「意思決定モデルの構築方針を定めること」です。

最適な生産量を決定するモデルを構築するために、ここでは数理最適化手法のひとつである線形計画法（Linear Programming、LP）を用いることとします。LP は、線形式で記述された複数の制約条件のもとでの最適解を効率的に計算するための手法です。数理最適化の代表的な手法として、さまざまな意思決定モデルの構築に活用されています。商用・非商用を問わず Python で利用可能なさまざまなライブラリが提供されており、数理最適化を用いた本格的な分析を比較的容易に実践できることも特徴のひとつです（本書で用いる数理最適化ライブラリ PuLP もそのひとつです）。

数理最適化において「解を求める」とは、複数の変数に対してそれらの値を一意に定めることです。このような求解の対象となる変数のことを、数理最適化の分野では「決定変数」と呼びます。また、「最適解」とは、複数の解の中で何らかの指標に照らして最も良いものを意味します。この指標のことを「目的関数」といいます。

LP が扱うことができる決定変数は、連続値（切れ目のない値）を対象とした、いわゆる連続変数です。本プロジェクトで扱う製品の生産量も連続値として扱うことができるので、LP の活用が適していると考えられます[*1]。

*1　なお、とびとびな値を持つ「離散変数」に対する最適化（離散最適化、組み合わせ最適化）もありますが、それも意思決定のモデル化と深い関わりがあります。

4.7.4 データの理解・収集

では、どのような情報があれば最適な生産量を求めることができるのでしょうか？ その点を明らかにするため、業務部門で使用しているデータを調査し、関連するものをリストアップします。データは必ずしも電子的なものとは限りません。帳票などの紙媒体の場合もあれば、そもそも情報として整理･蓄積されておらず、担当者へのヒアリングが必要な場合もあります。最適化を図るため、これまで業務に関係のなかった新しいデータが必要になる可能性もあります。こうしたことを念頭に置いて、業務部門と丁寧にやり取りをしながらデータの理解・収集を進めていくことが重要です。

これらの作業の結果、生産量に関する最適な意思決定を行うために必要なデータは、**表 4.21** の 5 種類であることが分かりました。

表 4.21 意思決定モデルの構築に必要なデータ一覧

No	データ名	内容
1	生産可否	各工場でどの製品が生産可能かを表す
2	必要リソース	各製品を 1 単位作るために必要なリソース（原料）と必要な量
3	リソース上限	各工場で 1 ヶ月間に使用できるリソースの上限
4	注文数	仕向け国別の各製品の注文数量
5	利益	製品 1 単位を販売して得られる利益額（仕向け国別）

4.7.5 データの加工

必要なデータを整理できたので、次は各データを、意思決定モデルにインプット可能な形に加工します。5 種類のデータは、いずれもテーブル形式として表現可能です。

なお、それらのテーブルの中身については、業務部門から収集したデータ（帳票やヒアリング内容を含む）の取捨選択、結合などの作業が必要です。場合によっては欠損値やエラーの除去（クレンジング）も行います。

意思決定モデルを用いて適切な解を求めるには正しいデータを与えることがとても重要です。そのため業務部門の担当者と密にコミュニケーションを取り、データの意味や妥当性などを丁寧に確認しながら加工を進めていくのが肝要です。

表 4.22 ～**表 4.26** に加工後の各データのイメージを示します。

表 4.22 生産可否データ（加工後）のイメージ

	製品 1	製品 2	……	製品 1000
工場 X	1	0		1
工場 Y	1	1		0
工場 Z	0	1		1

※ 0：生産不可、1：生産可能

表 4.23 必要リソースデータ（加工後）のイメージ

	原料 1	原料 2	…	原料 12
製品 1	5.8	2.0		4.6
製品 2	3.3	5.3		3.5
……				1
製品 1000	1.9	5.3		4.3

※表の値は 1 単位の製品を生産するために必要な量

表 4.24 リソース上限データ（加工後）のイメージ

	原料 1	原料 2	……	原料 12
工場 X	46205300	46039300		48200000
工場 Y	39506400	37453260		37600000
工場 Z	13202100	15882600		15600000

※表の値は各リソースの使用可能な最大量

表 4.25 注文数データ（加工後）のイメージ

	A 国	B 国	C 国	D 国	E 国	F 国	G 国	H 国	I 国	J 国
製品 1	2093	2062	3169	177	2447	335	1398	302	2967	1627
製品 2	1299	1297	525	745	3255	4969	1533	1288	4555	877
……										
製品 1000	1183	1603	592	275	3461	3070	716	4887	1367	911

※表の値は各製品の国別の注文数量

表 4.26 利益データ（加工後）のイメージ

	A 国	B 国	C 国	D 国	E 国	F 国	G 国	H 国	I 国	J 国
製品 1	72	111	203	168	263	110	186	88	86	231
製品 2	80	225	70	239	99	109	199	161	177	198
……										
製品 1000	155	109	141	171	89	231	62	215	195	235

※表の値は製品 1 単位を販売して得られる利益額（単位は円）

4.7.6 データ分析・モデリング

必要なデータが用意できたので、ここでは数理最適化（LP）を用いた意思決定モデルの構築に取り組みます。なお、モデル構築を進めていくと、不足するデータやデータ定義の見直しの必要性に気づくことが多々あります。そのため、実際にはデータ加工とモデル構築は「いったり、きたり」のキャッチボール的に進めていくことになります。

以降では、数理最適化を適用するにあたって必要な定式化の3要素（決定変数、制約条件、目的関数）を中心に（**図4.33**）、意思決定モデルの導出と最適化の実行をPythonのサンプルコードとその動作例も交えながら説明します。

図4.33 定式化の3要素

まず、Pythonでコードを記述するための準備として、データ処理や可視化などに必要ないくつかの基本的なライブラリと、LPを扱うためのライブラリPuLPをインポートします。

```
import csv
import numpy as np
import pandas as pd
import matplotlib.pyplot as plt
import re
from pulp import *

%matplotlib inline
```

(0) 定式化の準備

3要素（決定変数、制約条件、目的関数）を数学的に記述するため、前項で定義した5種類のデータを意味する記号を導入します。

【生産可否】　$a_{ij} = \begin{cases} 1 \cdots 工場\ i\ で製品\ j\ を生産可能 \\ 0 \cdots otherwise \end{cases}$

【必要リソース】　$r_{jk}(\geq 0)$: 製品 j に対するソース k の必要量

【リソース上限】　$u_{ik}(\geq 0)$: 工場 i のリソース k の上限

【受注】　$d_{jl}(\geq 0)$: 製品 j の仕向け国 l の注文数

【国別利益】　$p_{jl}(\geq 0)$: 製品 j の仕向け国 l における利益

ここで、i、j などの添え字は、工場や製品などの集合の要素を表す番号です。集合は以下の 4 種類があります。

I：工場の集合（$0, 1, \cdots, i-1$）
J：製品の集合（$0, 1, \cdots, j-1$）
K：リソースの集合（$0, 1, \cdots, k-1$）
L：仕向け国（出荷先）の集合（$0, 1, \cdots, l-1$）

次に、5 種類のデータをファイルから読み込みます。なお、生産可否データは、後述の制約条件と目的関数を実装しやすいように、ここで行と列を入れ替えておきます。

```
a_d = pd.read_csv('生産可否.csv', header=0,  index_col=0)
r_d = pd.read_csv('必要リソース.csv', header=0, index_col=0)
u_d = pd.read_csv('リソース上限.csv', header=0, index_col=0)
d_d = pd.read_csv('注文数.csv', header=0, index_col=0)
p_d = pd.read_csv('利益.csv', header=0, index_col=0)
a_d = a_d.T
```

さらに、読み込んだデータを使って集合を range 型の値として生成します。

```
I=range(len(a_d))            # 工場の集合
J=range(len(a_d.columns))  # 製品の集合
K=range(len(r_d.columns))  # リソースの集合
L=range(len(p_d.columns))  # 仕向け国の集合
```

(1) 決定変数

本プロジェクトにおいて最適化すべきは、まず当然ながら生産量です。そこでこれを決定変数とします。正確には以下のように「各工場における各製品の生産量」です。これをxとします。

$x_{ij}(\geq 0)$: 工場 i の製品 j の生産量

```
# x：工場の各製品の生産量
x = { (i, j) : LpVariable('x%d_%d'%(i, j), lowBound=0) for i in I for j in J }
```

では、決定変数はこれだけで十分でしょうか？ 業務課題の把握において、業務部門へのヒアリングから以下の情報が得られたことを思い出してください。

> バックオーダーの発生は業界の慣習で、ある程度は許容されている。ただし、多すぎると仕向け国の販売会社や顧客からのクレームや信用低下に繋がりかねないので、バックオーダーはできるだけ抱えたくない。

最大の利益を上げるためには、利益が大きな製品や仕向け国の注文を優先的に生産することが必要です。しかし生産できる量には限りがあるため、それでは利益が小さい製品・仕向け国の注文は後回しにせざるを得ません。その結果、大量のバックオーダーが発生する恐れがあります。上述のヒアリング結果から、これは避けなければならない状況と考えられます。

よって、単に利益を最大化するだけでは不十分であり、「バックオーダーをできるだけ少なくする」ことも必要です。したがってこれも最適化の対象となります。バックオーダーは注文数と出荷量との差分です。注文数は入力データとして与えられる固定値ですが、出荷量はバックオーダーと同様に変化する値です。

そこで、出荷量とバックオーダーをそれぞれyおよびzとして決定変数に追加します。厳密な定義とPythonのコードは以下の通りです。

$y_{jl}(\geq 0)$: 製品 j の仕向け国 l への出荷量
$z_{jl}(\geq 0)$: 製品 j の仕向け国 l のバックオーダー数

```
# y：製品の仕向け国への出荷量
y = { (j, l) : LpVariable('y%d_%d'%(j, l), lowBound=0) for j in J for l in L }

# z：製品の各仕向け国のバックオーダー数
z = { (j, l) : LpVariable('z%d_%d'%(j, l), lowBound=0) for j in J for l in L }
```

ここでは決定変数をいったん上記の x、y、z の 3 種類とします。定式化を求解可能な形に変換するために補助的な決定変数がさらに必要となりますが、これについては後述します。

(2) 制約条件

生産量 x およびバックオーダー数 y を最適化するにあたって最低限守らなければならない制約条件は、以下に示す 4 種類が存在します。

- **【C-1】（リソース量の上限）**

各原料について、それらの使用量の合計は工場ごとに定められた上限を超えてはならない。

$$\sum_{j=0}^{j-1} r_{jk} x_{ij} \leq u_{ik} \qquad \forall i \in I, \forall k \in K$$

```
# C-1 : リソース量の上限
def C_1(m) :
    for i in I :
        for k in K :
            m += lpDot(r_d.iloc[:, k], (x[i, j] for j in J)) <= u_d.iloc[i, k], \
'C1:%s_%d_%d'%(u_d.columns.values[k], i, k)
```

- **【C-2】（各工場の製品生産可否）**

各製品について、生産不可の工場の生産量は 0

$$x_{ij} = 0 \qquad \forall i \in I, \forall j \in J; a_{ij} = 0$$

```
# C-2 : 各工場の製品生産可否
def C_2(m) :
    for i in I :
        for j in J :
            if a_d.iloc[i,j] == 0 :
                m += x[i, j] == 0
```

- **【C-3】（生産量と出荷量の関係）**

各製品について、全工場の生産量の合計は、全仕向け国の出荷量の合計以上でなければならない。

$$\sum_{i=0}^{i-1} x_{ij} \geq \sum_{l=0}^{l-1} y_{jl} \qquad \forall j \in J$$

```
# C-3 : 生産量と出荷量の関係
def C_3(m) :
    for j in J :
        m += lpSum(x[i, j] for i in I) >= lpSum(y[j, l] for l in L)
```

- **【C-4】（出荷量とバックオーダー数の関係）**

バックオーダーは注文数から出荷量を引いた数である。

$$z_{jl} = d_{jl} - y_{jl} \qquad \forall l \in L$$

```
# C-4 : 出荷量とバックオーダー数の関係
def C_4(m) :
    for j in J :
        for l in L :
            m += z[j, l] == d_d.iloc[j, l] - y[j, l]
```

(3) 目的関数

目的関数は、解の最適化の度合いを測る指標です。より目的関数を目的に近づけられる（良くできる）解が、より最適な解ということになります。ちなみにLPを用いる場合、目的関数は制約条件と同様に線形式（一次式）で表現しなければなりません。

この問題で良くしたいものには、「利益」と「バックオーダー」の2種類があります。利益を最大化する一方で、バックオーダーは最小化すべきものです。両者を同時に良くするためにはどのような目的関数を定義すれば良いでしょうか？

ひとまず、それぞれの目的関数を個別に検討してみましょう。まず利益については次の定式化が考えられます。

$$Maximize \quad \sum_{j=0}^{j-1}\sum_{l=0}^{l-1} p_{jl}y_{jl}$$

すなわち、各製品の出荷量に仕向け国別の利益をかけ、その合計を取ったものを最大化すればよさそうです。

次にバックオーダーについてはどうでしょうか？ すぐに思いつくものとしては、以下のようにバックオーダー数の決定変数 z の合計値を最小化することが挙げられます。

$$Minimize \quad \sum_{j=0}^{j-1}\sum_{l=0}^{l-1} z_{jl}$$

しかしこの定式化には問題があります。たとえ合計値を最小化しても、各製品、各仕向け国に対する個々のバックオーダーがばらつく可能性があるからです。例えば仮にバックオーダーの決定変数を z1 と z2 の 2 つとした場合、上記の定式化は「z1+z2」を最小化することになります。最適化を行い、最小値が何らかの値（例えば 10）に定まったとしても、z1 と z2 が取りうる値のバリエーションは無数にあります。例えば z1=0 かつ z2=10 ならば z1 のバックオーダーはゼロですが、一方で z2 には大きなバックオーダーが残ってしまいます。

これにより、バックオーダーはまとめてではなく個々に最小化する必要があります。それはどのように表現すればよいでしょうか？ 一つの方法は、以下のように「最大値の最小化」（min-max）を用いることです。

$$Minimize \quad \max_{j\in J, l\in L} z_{jl}$$

これは「バックオーダーの中で最大の値を持つものを最小にする」ことを意味します。こうすれば先ほどの例（z1 と z2）においても、（制約条件を満たす限りにおいて）どちらの変数も同程度に値が小さくなるように最適化の作用が働くため、両者のばらつきが小さくなることが期待できます。

これで目的関数の定義は完成でしょうか？ いえ、あと 2 つほど問題点が残っています。ひとつは、バックオーダーを偏りなく最小化するためには、バックオーダーは数量ではなく比率で扱う必要があることです。すなわち、バックオーダー数を注文数で割り算した値（これをバックオーダー率と呼ぶことにします）をそれぞれ同程度に良くしなければなりません。バックオーダーの数を同程度に良くしても、注文する数量が少ない国が不利になってしまうからです。

もうひとつは、最適化手法としてLPを用いることに起因するものです。すなわち、LPの目的関数は線形式（一次式）でなければなりませんが、上記の定式化では最大値を求める関数（max関数）を用いており、これは線形ではありません。

これらの問題を解消するため、バックオーダー率の最大値を意味する補助的な決定変数zzと制約条件を新たに追加します。

$zz(\geq 0)$: バックオーダー率の最大値

```
# zz(添え字なし)：バックオーダー率の最大値
zz = LpVariable('zz', lowBound=0)
```

- **【C-5】（目的関数定義用の補助制約式）**

$$zz \geq \frac{1}{d_{jl}} z_{jl} \qquad \forall j \in J, \forall l \in L$$

```
# C-5 : 目的関数定義用の補助制約式
def C_5(m) :
    for j in J :
        for l in L :
            m += zz >= 1/float(d_d.iloc[j,l].sum()) * z[j, l]
```

これらの準備のもと、先述のmin-max型の目的関数と等価な線形式を用いた目的関数は以下のように定義できます。

$$Minimize \quad zz$$

以上で利益とバックオーダーに関する2つの目的関数を定義できました。あとは重要度を加味するためにこれらを重みづけして合計すれば全体の目的関数が得られます。

- **2つの目的関数を統合**

$$Maximize \quad w_1 \sum_{j=0}^{j-1} \sum_{l=0}^{l-1} p_{jl} y_{jl} - w_2 zz$$
$$w_1, w_2 \geq 0$$

```
# 利益最大化＋バックオーダー率最小化
def obj_func(m, w1, w2) :

    m += (
        w1 * lpSum( lpDot( p_d.iloc[j, :], (y[j, l] for l in L) ) for j in J ) # 利益最
大化
       - w2 *  zz # バックオーダー率最小化
    )
```


なお、ここで重みw1、w2は0以上であること、また2番目の項は最小化したいので、その符号はマイナスであることに注意してください。

(4) 最適化実行結果

定式化が完了し、いよいよ最適化の実行が可能になりました。

ここで、実行するにあたり目的関数の重みを具体的に与える必要があります。目的関数の一方は利益額という比較的大きな値であり、他方はバックオーダー率という1以下の小さな値です。そこで両者のバランスを考え、ひとまずw1=1.0、w2=10^5(=100000)として実行してみます。

```
#最適化実行

# ソルバ宣言
model = LpProblem(sense=LpMaximize) # 最大化

# 制約式
C_1(model)
C_2(model)
C_3(model)
C_4(model)
C_5(model)

# 目的関数
obj_func(model, 1.0, 10 ** 5)

# 実行
print(model.solve())
```

```
#結果出力

obj = value(model.objective)
profit = value( lpSum( lpDot( p_d.iloc[j, :], (value(y[j, l]) for l in L ) ) for j in J
) )
max_bor = value(zz)

print('■目的関数値')
print( '{:.0f}'.format(obj) )

print('■トータル利益')
print( '{:,.0f}'.format(profit), '円' )

print('■バックオーダー率最大値')
print( '{:.3f}'.format(max_bor*100), '%' )
```

実行結果は以下の通りです（小数点以下は丸めて表示）。

出力結果

```
■目的関数値
4385868478
■トータル利益
4,385,968,478 円
■バックオーダー率最大値
100.000 %
```

ここでは表示を省略しますが、最適化の結果、決定変数 x（生産量）にも値がセットされます（他の決定変数も同様です）。したがってこの最適化モデルを用いることで、月々の生産量を自動的に計算できるようになりました。

4.7.7 分析結果の考察

(1) 目的関数の重み

最適化の実行結果をあらためて確認すると、ひとつ気になる点があります。バックオーダー率の最大値が100%ということは、少なくともひとつの注文に全く応えられない（出荷量がゼロになる）ことを意味しています。一方で、全体の利益は一定額あることから、多くの注文についてはバックオーダーをある程度抑えて出荷ができているはずです。よって個別にみれば、バックオーダーには大きな偏りが発生している可能性が考えられます。

この状況を改善するには、バックオーダー率に関する目的関数の重みw2を今よりも大きくすれば良さそうです。そこでw2の適切な値を求めるため、w2を一定の範囲で変化させながら最適化を繰り返し実行し、結果を確認してみます。その結果は**図4.34**の通りとなります。

なお、グラフのx軸にはw2の対数を取っています。また、y軸は左側がバックオーダー率、右側が利益です。バックオーダー率は値が小さい方が良く、一方で利益は値が大きい方が良いことから、両者の改善の方向を揃えて図を分かりやすくするため、バックオーダー率は100%を最も下にとり、上に行くほど値が小さくなるよう軸を設定しました。

図4.34 最適化シミュレーション結果（重みw2を変化させた場合）

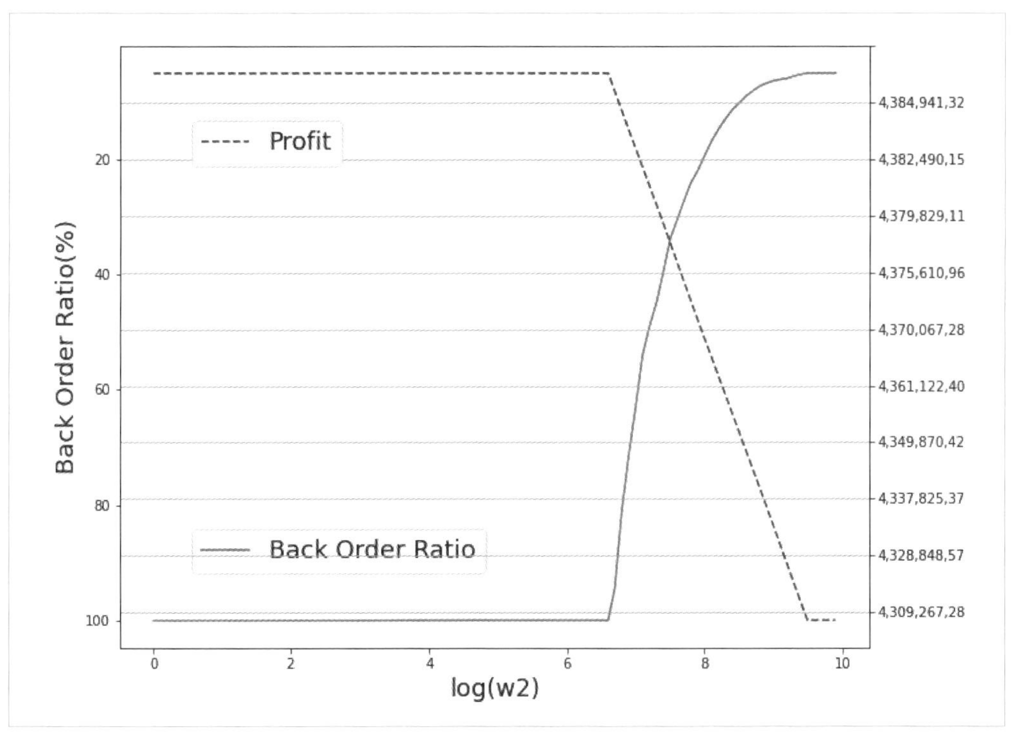

この結果から、意図した通りw2を大きくするとバックオーダー率の最大値が小さくなることが確認できます。逆に、w2を大きくすると利益は下がります。さらに、両者はw2が10^6

を超えたあたりから変化が始まり、w2 が 10^{10} となった以降はどちらも一定値に収束する傾向を示しています。この時の利益額は約 43.1 億円ですが、これは利益の重要度を高く設定した場合の金額（約 43.8 億円）からわずかに 2.6% だけ少ない金額です。一方でバックオーダー率の最大値は、初期値の 100% から 10% 未満（約 5.2%）へと劇的に改善しています。よって、w2 の値は 10^{10} とすることが理にかなっていると考えられます。

以下に w2=10^{10} とした場合の最適化結果をあらためて示します（**図 4.35**）。

出力結果

```
■目的関数値
3792054736
■トータル利益
4,309,267,286 円
■バックオーダー率最大値
5.172 %
```

(2) 生産能力強化の検討

次に、今後の需要変動に備えた工場の生産能力の強化について検討します。強化施策としては生産設備の追加導入や作業者の増員などさまざまな手段が考えられますが、ここでは構築した最適化モデルを用いて分析可能な各工場で使用できるリソース（原料）の上限変更にフォーカスをあてます。

業務部門へのヒアリングから、中期的には需要が現行よりも 10% 程度増える見通しがあるとします。その場合、現行の生産能力（＝リソース上限）では需要の増加にどの程度対応することが可能でしょうか？ この問いに答えるため、注文数を今と同水準からプラス 10% まで段階的に増やしながら最適化シミュレーションを行い、目的関数の値がどのように変化するかを確認してみます（**図 4.35**）。

図 4.35 最適化シミュレーション結果（リソース上限変更前）

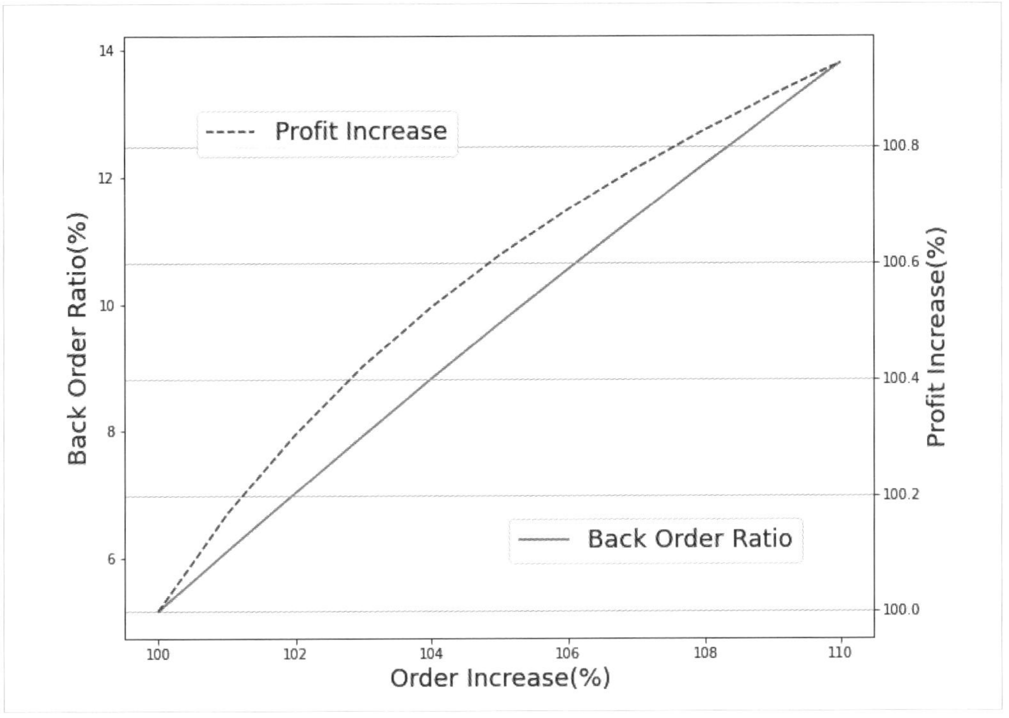

ここで、グラフの横軸は注文数の現行に対する比率（100 ～ 110%）、縦軸はバックオーダー率の最大値（左）と利益の増加度合い（右）です。このグラフからは次の 2 つの点が読み取れます。

- 注文数がプラス 10% になると、バックオーダー率の最大値が約 14% まで悪化する
- その一方で利益は現行からほとんど増えない（プラス 1% 未満）

これにより、現状の生産能力では需要の増加に対応することは難しいことが分かりました。そこでこの状況をどうしたら改善できるかを検討してみます。

まず改善策としてすぐに思いつくのは、リソースの上限を引き上げることです。例えば需要の 10% 増加に対応するためには、全てのリソースの上限を一律に 10% 増やしてしまえば直感的には現行と同程度の結果が期待できそうです。しかし、これでは本来は増やす必要のないリソースまでも対象にしてしまう可能性があります。それではリソースの調達コストが無駄に増加して利益が圧迫される懸念があります。

以上を踏まえ、必要なリソースを選んでその上限だけを適切な値へ引き上げることを考えま

す。その判断の手がかりとなる情報は我々の最適化モデルから得ることができます。それはシャドウプライスと呼ばれるものです。

- **シャドウプライス（潜在価格）：**目的関数の改善余地を示す情報。制約条件に対して計算される。

ここで制約条件 C-1（リソース上限）のシャドウプライスを実際に確認してみます（**表 4.27**）。

```
# 制約C_1（リソース上限）のシャドウプライス出力
pat = '^C_1:(原料.*)_(.*)_(.*)'
s_d = pd.DataFrame(columns=u_d.columns.values, index=a_d.index.values)

for name, c in model.constraints.items() :
    m = re.match(pat, name)
    if m :
        tmp = m.groups()
        col_id = int(tmp[2])
        ind_id = int(tmp[1])

        s_d.iloc[ind_id, col_id] = c.pi

s_d
```

表 4.27 制約条件 C-1 のシャドウプライス（出力結果）

	原料1	原料2	原料3	原料4	原料5	原料6	原料7	原料8	原料9	原料10	原料11	原料12
工場 X	−0	26.7	−0	−0	−0	−0	−0	−0	−0	15.9	−0	−0
工場 Y	−0	−0	60.2	−0	−0	−0	−0	−0	−0	−0	−0	−0
工場 Z	−0	−0	−0	−0	−0	−0	686.0	−0	−0	−0	−0	−0

表 4.27 の各要素の値が制約条件 C-1 のそれぞれの式に対応したシャドウプライスです。ちなみに制約条件 C-1 の定義は以下の通りでした。

$$\sum_{j=0}^{j-1} r_{jk} x_{ij} \leq u_{ik} \qquad \forall i \in I, \forall k \in K$$

ほとんどのシャドウプライスは0です。これは、上記の制約式の右辺、すなわちリソースの上限値を引上げたとしても目的関数の値を改善する効果がないことを意味しています。

一方、工場Xの原料2と10、工場Yの原料3、工場Zの原料7は正の値です。これらの値は、リソースの上限を1単位増やすと目的関数がどれだけ良くなるか（増えるか）を表しています。よってシャドウプライスが正の値のリソースを選んで、その上限値だけを増やせば目的関数の値を効果的に改善できることが期待できます。

その際、上限を増やすリソースとしてシャドウプライスが最も大きなものを優先的に選べば効果が高そうです。ここでは工場Zの原料の値が突出して大きいので、これを選択して上限を適度な値（例えば10%増など）に変更します。その上でもう一度最適化を行うことで、目的関数の値が改善された別の解が得られると期待できます。

ただし、この再最適化により、シャドウプライスの値も変化するはずです。もしかするとこれまで0や十分に小さい値だったシャドウプライスが大きな値に変化するかもしれません。それは目的関数の値をまだ改善できることを意味しています。その場合は適切なリソースを再度選んで上限を変更し、さらに最適化を実行します。

このように、①シャドウプライスの確認、②リソースの選択と上限変更、③再最適化というステップを全てのシャドウプライスの値が十分に小さくなるまで繰り返すことで、生産能力を強化するリソース上限の変更案を導くことができます。

上記のステップを実際に行った結果、以下に示す変更案が得られました。

- 工場Z、原料7の上限を1.1倍する
- 工場Z、原料1の上限を1.1倍する
- 工場Y、原料3の上限を1.1倍する
- 工場Z、原料3の上限を1.1倍する
- 工場Z、原料5の上限を1.1倍する

上限を変更するリソースは全体のごく一部（15%未満）です。この変更を施した上での最適化シミュレーションの実行結果を**図4.36**に示します。

図 4.36 最適化シミュレーション結果（リソース上限変更後）

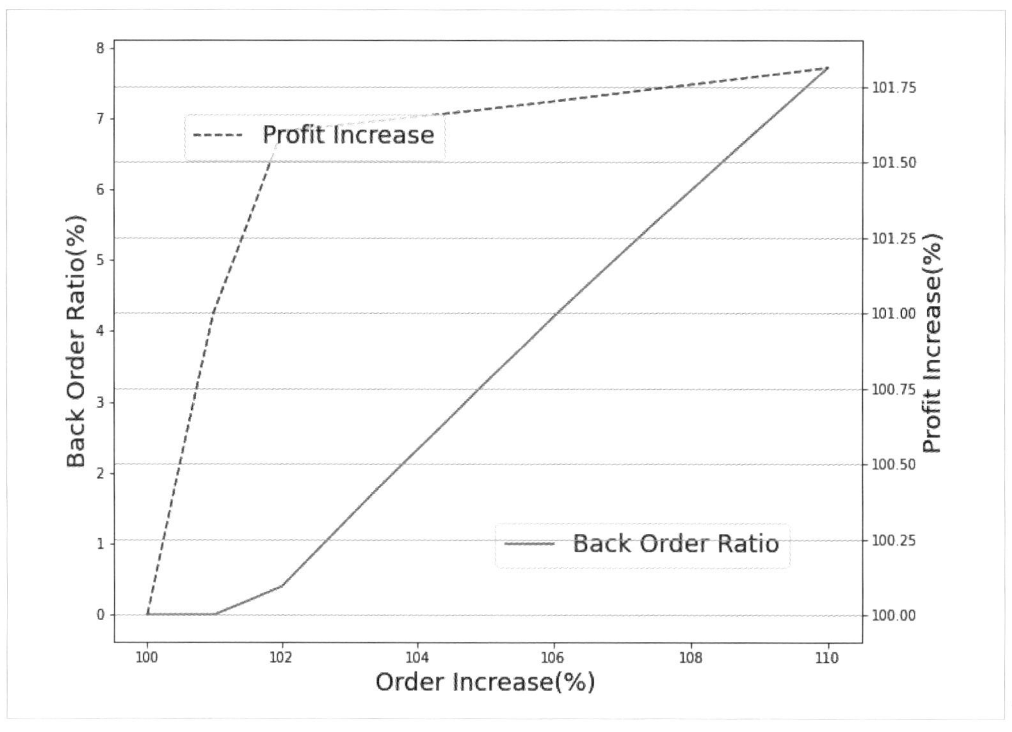

このグラフからは以下のことが読み取れます。

- 注文数が現行と同じならば、バックオーダーは発生しない（B.O. 率 0%）
- 注文数がプラス 10% の場合でも、B.O. 率は 10% 未満を維持（約 8%）
- 一方で利益は 2% 程度増える

このように生産能力を強化するために効果的な施策を導くことができました。

4.7.8 業務への適用

構築した最適化モデルは、生産計画等の業務システムに組込まれ、月々の計画業務に活用されます。これにより生産計画の素案を自動的に作成することが可能になり、計画担当者の負担を軽減できます。需要（注文数）が毎月変動しても最適な計画案を提供し続けることが期待できます。

加えて生産能力強化の例で示したように、最適化モデルはさまざまな改善施策の検討にも活用できます。例えばモデルを拡張し、バックオーダー率の「許容度」を仕向け国ごとに設定できるようにすれば、許容度の違いによる利益の変化を定量的に把握できます。そこで仕向け国ごとに適切な許容度を求めて、それを海外での販売条件の見直し等に活用するといったことも可能になります。

データサイエンスの現場適用とは

作成した分析モデルの有用性が確認できたら、いよいよ分析モデルを現場の本番環境へ導入します。そのためには、分析モデルを現場で利用するための仕組みをシステム化し、それを継続的に運用していく必要があります。

5.1 分析結果を現場で活用するには

5.1.1 分析モデルをどのように利用するか

データサイエンティストが作成した分析モデルを、現場でどのように活用すればよいでしょうか？ ここでは、まず工場における設備故障の予兆検知を行う分析モデルを利用するケースで考えてみましょう。**図 5.1** に分析モデルを現場に導入して利用する例を示します。

図 5.1　分析モデルの現場導入と利用

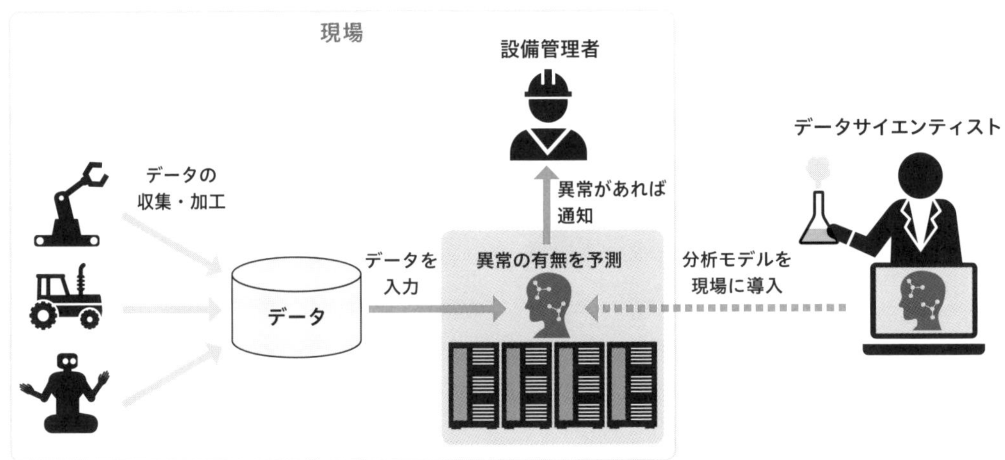

分析モデルは入力データをもとに予兆検知を行うため、最初に設備のセンサーなどから必要なデータを収集します。次に、収集したデータを分析モデルが利用できるように加工します。

データを加工したら、それを分析モデルに入力して、異常があるかどうかを判定します。もし異常があると判定された場合は、判定結果を設備の管理者に通知する必要があります。分析モデルを現場で利用するためには、このような一連の処理をシステム化する必要があります。

このうち分析モデルを利用する部分において、分析モデルにデータを入力して予測結果を得ることを「推論」と呼びます。**図 5.2** に、分析モデルの学習と、モデルを用いた推論の比較を示します。学習時は、学習用のデータセットを前処理し、それを利用して分析モデルを学習します。推論時は、学習済みの分析モデルに対して同様に前処理したデータを入力し、分析モデルを用いた推論により予測結果を得ます。

図 5.2 学習と推論

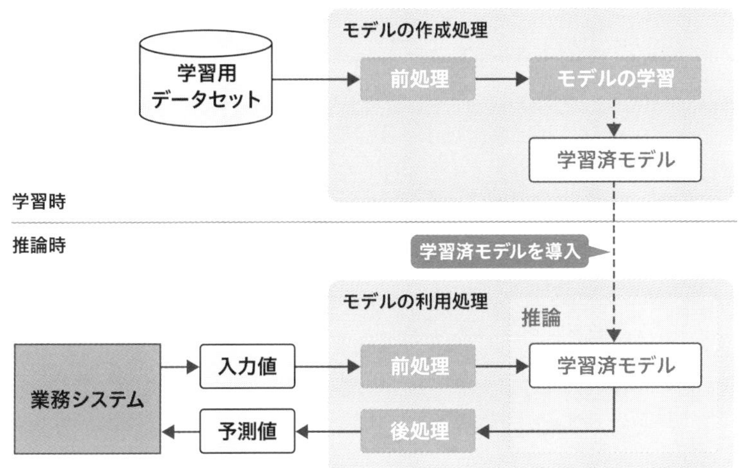

本番環境に分析モデルを導入する際には、この推論部分の開発が必要となります。分析モデルを利用したい業務システムなどに対して、モデルを用いた予測機能を提供することをサービング（Serving）といいます。サービングはデータサイエンスプロジェクトにおいて、PoC から本番環境へ移行する際に必ず求められる要件です。サービングを実現するためには、データ分析だけでなくシステム設計の知識も求められます。

5.1.2 分析モデルのサービング方式

分析モデルをどのようにサービングするかは、推論に求められる要件に依存します。よくある推論方法は次の 4 種類です。

(a) バッチ推論

(b) リアルタイム推論

(c) ストリーミング推論

(d) エッジ推論

以下、これらの推論方式に合わせたサービング方法を紹介します。

(a) バッチ推論

バッチ推論では、蓄積した大量の入力データをまとめて予測処理します。予測の即時性を要求されない日次のバッチ処理などに適しています。この方式では、データをCSVやTSV形式のファイルや、PostgreSQLやMySQLなどのRDBに蓄積しておき、推論時にそれを読み出して一括で処理します。この方式では、RDBやファイルシステムが推論システムとのインタフェースとなります。

図5.3にバッチ推論システムの例を示します。最初に業務システムが予測処理したいデータをRDBやファイルに蓄積しておきます。処理したいタイミングになったら、バッチ処理プログラムがデータを読み出して、データを分析モデルに入力できる形式に前処理します。そして前処理済みのデータを分析モデルに入力して推論処理を行います。最後に得られた予測値を後処理して、RDBやファイルに書き戻します。業務システムはそれを読み出すことで予測値を取得します。

図5.3　バッチ推論

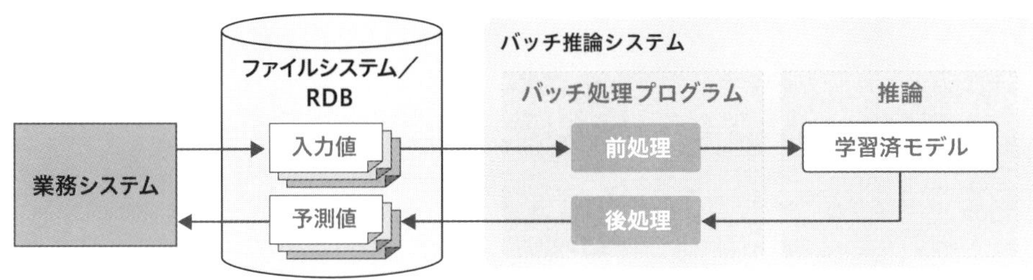

(b) リアルタイム推論

リアルタイム推論では1～数件のデータから即座に予測結果を取得します。Web広告レコメンドのように、ユーザーの行動に合わせたリアルタイムな予測が必要な用途に適しています。

この方式では予測をリアルタイムに行うため、予測機能を低レイテンシ（低遅延）で利用できる REST や gRPC などの Web API 経由で実行することが一般的です。

図 5.4 にリアルタイム推論システムの例を示します。業務システムで予測が必要になったら、その都度 API を呼び出して 1 ～数件のデータを渡し、予測をリクエストします。API サーバは受け取ったデータを前処理して分析モデルに入力し、得られた予測値をレスポンスとして業務システムに戻します。

図 5.4　リアルタイム推論

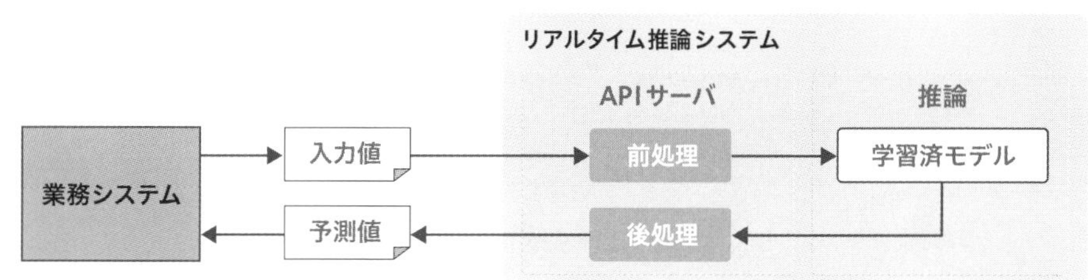

(c) ストリーミング推論

ストリーミング推論では、大量発生するデータを順次予測処理します。この予測処理は、リアルタイム推論とは異なり非同期処理です。設備の予兆検知のように、大量のセンサーデータを受け取るのと並行して異常検知を行うような用途に適しています。

リアルタイムに発生する大量のデータをストリームデータといいます。ストリームデータの処理ではシステムに高い処理性能が要求されます。特に流量が不安定なストリームデータの処理は、データ流量の急増時にシステムの負荷上昇を招きやすいという問題もあります。そのため、メッセージキューを利用してデータを一時的にキューイングして、データの受付と処理と非同期化することで、システムの処理負荷を平準化することが一般的です。

図 5.5 にストリーミング推論システムの例を示します。大量の IoT デバイスがセンサーデータを生成し、それをメッセージキューに書き込んでいきます。このデータをコンシューマと呼ばれるプログラムがメッセージキューから非同期で読み出していき、前処理して分析モデルに入力し、予測値を得ます。得られた予測値はプロデューサと呼ばれるプログラムが別のメッセージキューに書き戻していきます。この予測値を業務システムがメッセージキューから読み出して取得します。

図 5.5　ストリーミング推論

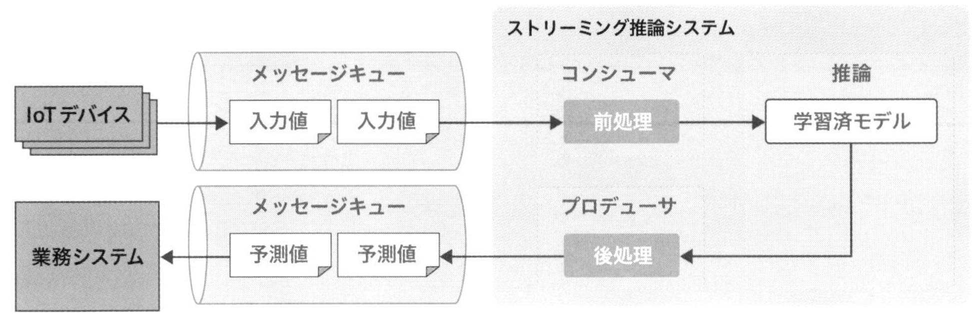

(d) エッジ推論

エッジ推論では、センサーやモバイル機器などのエッジデバイスに推論プログラムを直接組込むことで、ネットワークを介さず即座に予測を行います。スマートフォンのカメラによる顔認識のように、予測結果をより素早く取得したい用途に適しています。また、通信環境が不安定でネットワークを介した通信を抑えたい場合にも適しています。この方式では、エッジデバイスのプログラムから推論処理の API を直接呼び出します。

図 5.6 にエッジ推論の例を示します。多くの場合、エッジ推論プログラムはライブラリとして利用されます。エッジデバイス上のプログラムからライブラリの API（関数）を呼び出して、データを前処理して分析モデルに入力し、得られた予測値を戻します。

図 5.6　エッジ推論

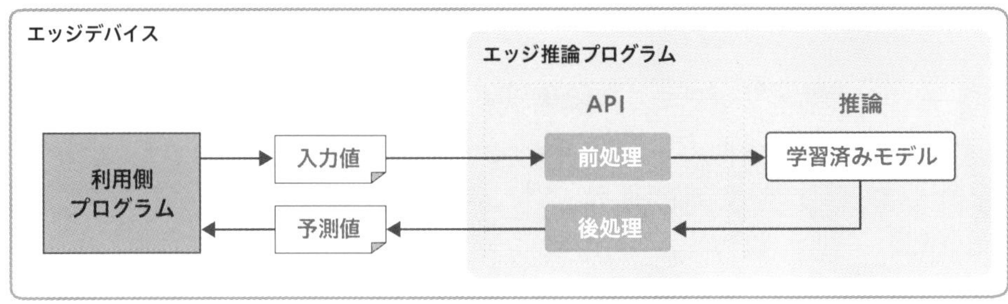

5.2 分析モデルの寿命？！

作成した分析モデルを本番環境に導入してサービングすることで、いよいよ本番運用が開始されます。しかし、分析モデルを本番環境に導入した後も、モデルが同じ予測精度を保ち続けられるとは限りません。一般に、分析モデルの予測精度は時間とともに低下していきます。これには、時間の経過による入力データの傾向変化や、入力データに対する解釈の変化など、さまざまな要因があります。

そのため本番環境に導入した後も分析モデルを継続的に監視して、予測精度の低下に対処していく必要があります。**図 5.7** に、分析モデルの継続的な運用・改善の例を示します。現場で稼働している分析モデルを監視して、予測精度の低下やその兆候を検知します。そして、分析モデルの予測精度を回復するために、それをデータサイエンティストに通知して、分析モデルの再作成と、現場への再導入を促します。つまり、分析モデルは一度構築したら終わりではないということです。

図 5.7 分析モデルの継続的な運用・改善

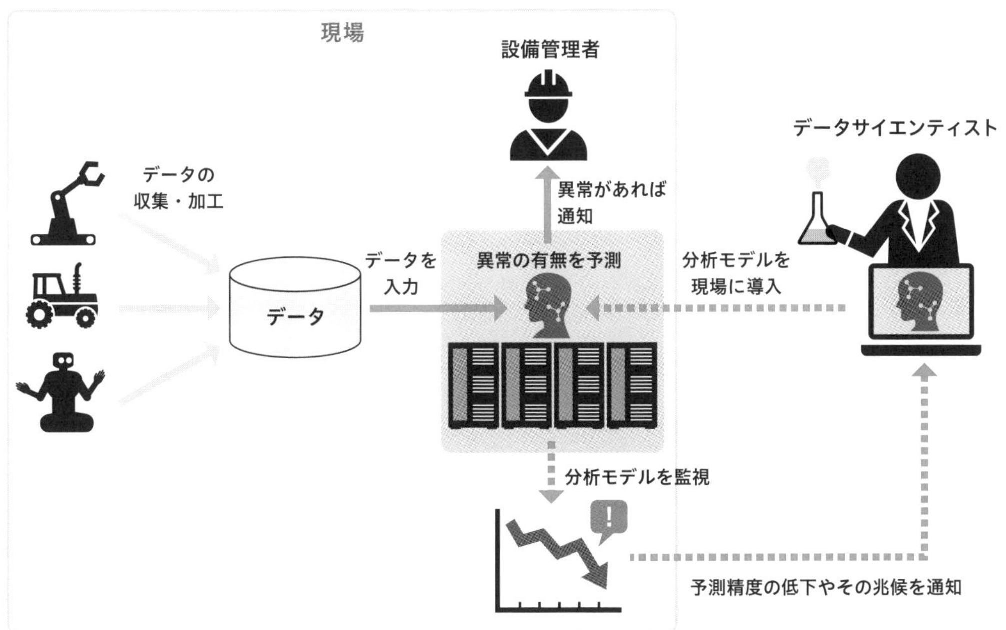

5.2.1 分析モデルの予測精度はなぜ低下するのか

分析モデルの予測精度はなぜ低下するのでしょうか？ 分析モデルが予測精度を保つためには、モデル作成時の学習データと、推論時の入力データの傾向が一致している必要があります。しかし、学習時と推論時のデータ傾向は以下のような理由で変化することがあります。

- **時間経過によるデータの変化**

  現実の世界は非定常環境であり、データの傾向や解釈は時間とともに変化していきます。その結果、分析モデルに入力するデータの傾向が学習時のデータから変化していき、モデルの予測精度は時間が経過するにつれて低下していきます。

- **環境差異によるデータの違い**

  学習データを収集した環境と分析モデル導入先の環境が異なる場合、学習時と推論時におけるデータの傾向は最初から異なる可能性があります。この場合、分析モデルの導入当初から予測精度が低下している可能性があります。

学習時と推論時におけるデータの変化・違いは、データセットシフトという分野の問題として定義されています。データセットシフトは、その原因によってさまざまな種類が存在します。ここでは、**表 5.1** に示す代表的なデータセットシフトを紹介します。

表 5.1 代表的なデータセットシフト

現象名	概要
(a) 共変量シフト	入力値と出力値の対応関係は同じだが、入力値の分布だけが変化する
(b) 事前確率シフト	入力値と出力値の対応関係は同じだが、出力値の分布だけが変化する
(c) コンセプトシフト	入力値と出力値の対応関係そのものが変化する

(a) 共変量シフトと (b) 事前確率シフトはデータの傾向変化を示し、(c) コンセプトシフトはデータに対する解釈の変化を示します。以下に、各現象の詳細と具体例を紹介します。

(a) 共変量シフト

共変量シフト（Covariate shift）とは、学習時と推論時で入力値と出力値の関係は同じだが、入力値の分布だけが変化する状況のことです。なお、共変量とは入力値の別称です。入力値を x、出力値を y、学習時のデータ分布を P_{tra}、推論時のデータ分布を P_{tst} で表すと、共変量シフトは次のように定義されます。

$$P_{tra}(y|x) = P_{tst}(y|x) \text{ かつ}$$
$$P_{tra}(x) \neq P_{tst}(x)$$

例えば、カメラの画像から物体AとBの判別を行う分析モデルを構築したとします。この判別モデルの学習に使用する画像データを収集したカメラでは、物体A、B共にさまざまな角度から撮影していました。しかし、この判別モデルを導入したカメラでは、物体を撮影できる角度が偏っていたようなケースで発生します。

図5.8に共変量シフトの例を示します。なお、この分析モデルは、特徴量 *x1* と *x2* からなる2次元のデータを、AとBの2クラスに分類するものです。この例では、学習時と比較して推論時は入力値の分布が偏っていることが分かります。その結果、今回の例では推論時の正解率が90%から85%に低下しています。

図5.8 共変量シフト

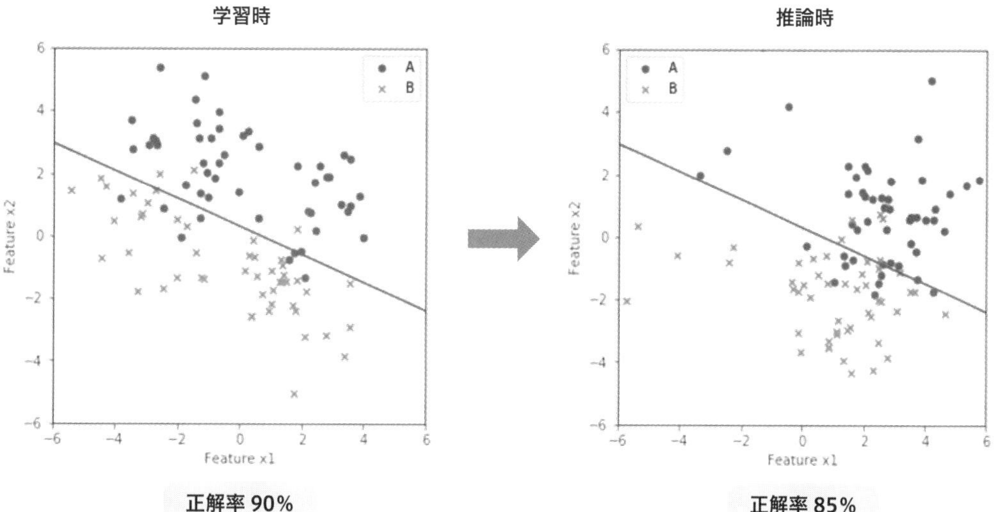

(b) 事前確率シフト

事前確率シフト（Prior probability shift）とは、学習時と推論時で入力値と出力値の関係は同じだが、出力値の分布（クラスの事前確率）だけが変化する状況のことです。事前確率シフトは次のように定義されます。

$$P_{tra}(x|y) = P_{tst}(x|y) \text{ かつ}$$
$$P_{tra}(y) \neq P_{tst}(y)$$

先ほどの物体 A と B の判別モデルを例に説明します。この画像データを収集した当時は、物体 A と B の比率は 50% ずつでした。しかし、この判別モデルを現場導入した半年後に、物体 A の出現割合が 90%、物体 B の出現割合が 10% に偏ってしまったようなケースで発生します。

図 5.9 に事前確率シフトの例を示します。学習時のデータ件数は A と B で半々でしたが、推論時は A の件数が 90% を占めています。このような場合、A と判定すべきデータを B と判定してしまう確率が高くなります。その結果、今回の例では推論時の正解率が 90% から 86% に低下しています。

図 5.9　事前確率シフト

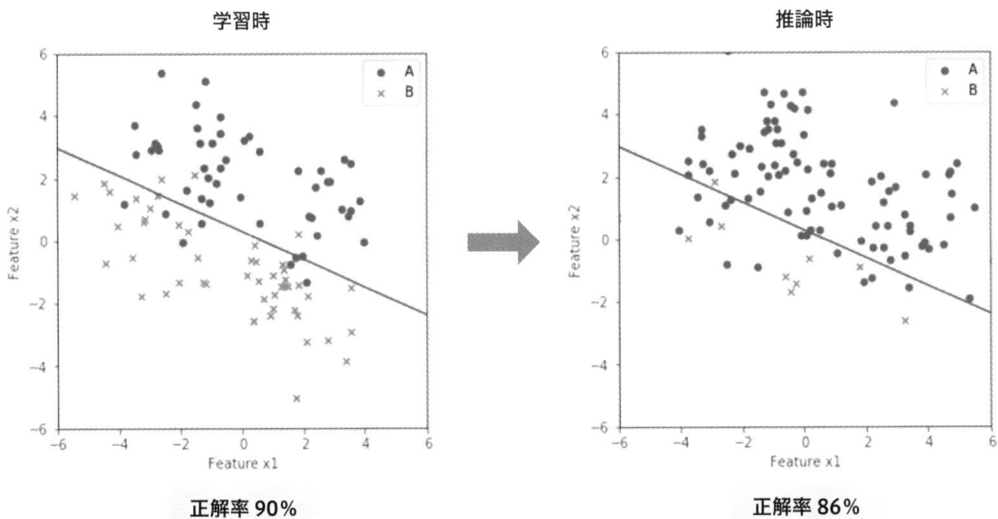

(c) コンセプトシフト

データに対する解釈の変化をコンセプトシフト（Concept Shift）といいます。コンセプトシフトでは、入力値と出力値の関係自体が変化します。これは以下のように定義されます。

$$P_{tra}(y|x) \neq P_{tst}(y|x) \text{ かつ } P_{tra}(x) = P_{tst}(x)$$
または
$$P_{tra}(x|y) \neq P_{tst}(x|y) \text{ かつ } P_{tra}(y) = P_{tst}(y)$$

例えば単語分類タスクで、「コロナ」という単語は以前は天文学や地名などのカテゴリーに分類すべき単語でしたが、現在では「ウイルス」というカテゴリーに分類すべき単語といえます。他にも、異常検知タスクにおいて、1ヶ月前は正常と判断していたセンサーデータが、実は異常と判断すべきだったと判明するケースもあります。

図 5.10 にコンセプトシフトの例を示します。分析モデルの運用開始後に、学習時は A に分類すべきであった一部データのラベルが B に変更されました。しかし分析モデルの分離境界線は変わっていないため、B と判定すべきデータを A と判定してしまう確率が高くなります。その結果、今回の例では推論時の正解率が 90% から 62% に低下しています。

図 5.10 コンセプトシフト

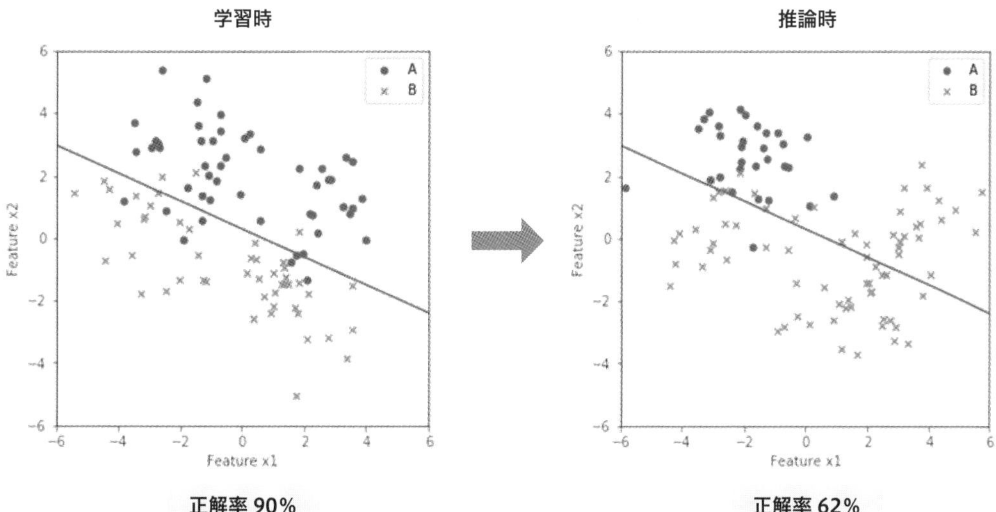

5.2.2 予測精度の低下を検知するには

現場導入した分析モデルの予測精度が低下したことを検知する方法は、以下の 2 種類があります。

(a) 予測精度の比較

(b) データ傾向変化の監視

(a) 予測精度の比較

最も確実な方法は、推論時の入力値と予測値の組を記録しておき、定期的に最新の正解データと突き合わせて予測精度を評価することです。ただし、予測精度の評価には最新の正解ラベル付きデータが必要です。そのため予測精度の低下を検知できるまでに時間差が発生します。

コンセプトシフトについてはこの方法で検知するしかありません。一方、共変量シフトと事前確率シフトについては次に紹介するデータ傾向変化の監視でも検知できます。

(b) データ傾向変化の監視

共変量シフトと事前確率シフトについては、学習時と推論時のデータ傾向を比較することで検知することが可能です。この方法では正解データを準備する必要がないため、予測精度自体を比較するよりも素早く検知することが可能です。ただし、この方法では予測精度自体の低下は検知できません。あくまでその兆候となるデータ傾向の変化を検知できるだけです。

学習時と推論時におけるデータ傾向の変化を比較する方法は、いくつかあります。例えば特徴量ごとの統計情報（平均値、最大値、最小値など）を比較する、特徴量ごとの出現頻度の分布を比較するといった方法が挙げられます。

一例として、特徴量ごとの出現頻度のヒストグラムを作成して、その分布を比較してみます。図 5.8 の共変量シフトにおける学習時と推論時の各特徴量（*x1*、*x2*）の分布をヒストグラム化したものを**図 5.11** に示します。なお、データ傾向変化の監視では正解ラベル（A または B）は分からないため、全クラスのデータが混在していることに留意してください。

図 5.11　各特徴量の分布の比較

特徴量 *x1* の分布比較

Distribution of feature x1

特徴量 *x2* の分布比較

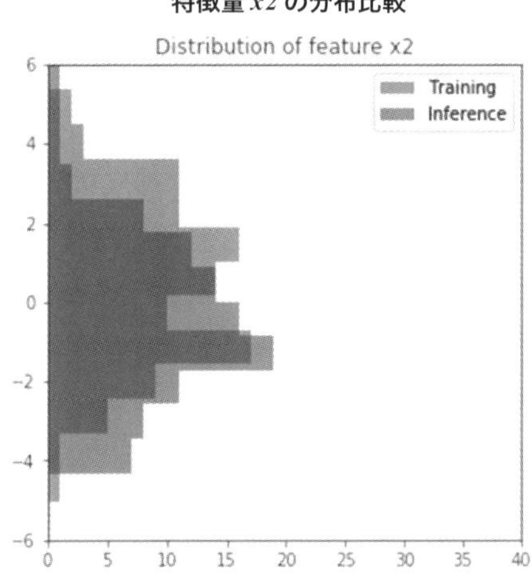

図5.11の特徴量*x1*の分布をみると、学習時と推論時で分布が大きく変化したことが確認できます。この2つの分布の差異が、あらかじめ決めた閾値を超えたかどうかを判定することで、データ傾向の変化を検知できます。

分布間の差異を評価するにはどうすればよいでしょうか？ 例えば、図5.11の出現頻度の分布を、合計が1となる確率分布に変換すると、確率分布間の差異を比較する問題と定義できます。2つの確率分布の差異を図る手法としては、Kolmogorov-Smirnov検定などがよく使用されています。

5.2.3 予測精度の低下にどう対処するか

では、予測精度の低下（データセットシフト）を検知したら、どうすればよいでしょうか。まずはシステムの管理者に対してアラートをあげて通知する必要があります。次に、分析モデルの予測精度を回復するために、分析モデルを再学習する必要があります。このとき分析モデルを再学習する方法は1つではありません。

時間経過によるデータの変化が原因の場合は、同じ分析モデルを最新の学習データで再学習するのが一番簡単な方法です。それでも予測精度を回復できない場合は、再学習する前に分析モデル自体の見直しが必要となります。例えば、使用する特徴量の変更や、モデル種別の変更、モデルのハイパーパラメータの再チューニングなどが必要となります。

一方、環境差異によるデータの違いが原因の場合は、まず学習データの収集環境を分析モデルの導入先と揃えて、データを再収集してからモデルを再学習すべきです。

5.3 MLOpsという考え方

5.3.1 MLOpsの概要

ここまで紹介してきた通り、作成した分析モデルを本番環境へ導入するには、分析モデルのサービングと監視、再学習の仕組みが必要です。機械学習システムを継続的に運用するためには、他にもさまざまなプロセスが必要となります。この一連の運用サイクルを実現するための取り組みがMLOps（Machine Learning Operations）です。

図5.12 にMLOpsによる運用改善サイクルの概要を示します。MLOpsでは、データの収集と整備を行い、分析モデルを構築して、構築したモデルを現場に導入して利用し、利用開始後も挙動を監視して、必要に応じてデータの再収集やモデルの再学習を行うといったサイクルを実現します。

図5.12 MLOpsによる運用改善サイクル

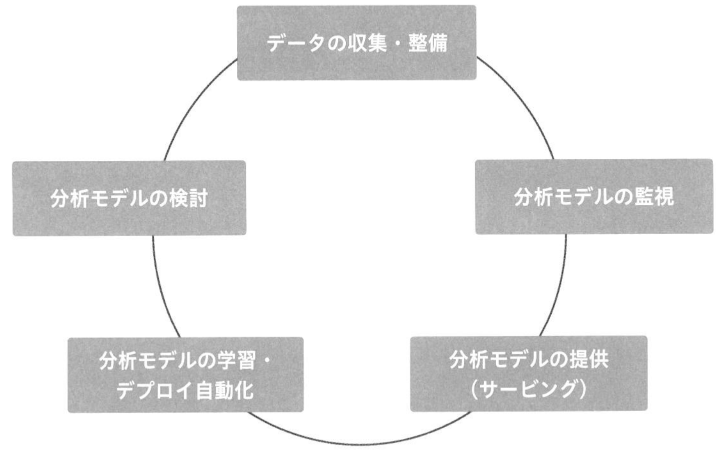

この一連の運用サイクルを手作業で行う場合、手間がかかるだけでなく、ミスが発生する可能性もあります。MLOpsではDevOpsの考え方を採用し、一連の作業を体系的に自動化します。

5.3.2 MLOpsの基本構成

図5.13 にMLOpsの考え方を取り入れた機械学習システムの構成例を示します。なおMLOpsは発展途上の分野であり、さまざまなやり方があります。実際には、現場の制約に依存するケースが多いでしょう。日立でもいろいろなやり方を試していますが、ここではよくある方式をまとめた例を紹介します。この例では、データの収集・整備から、本番環境に導入した分析モデルの挙動監視まで、一連の運用サイクルを網羅しています。

図 5.13 MLOpsの考え方を取り入れた機械学習システムの構成例

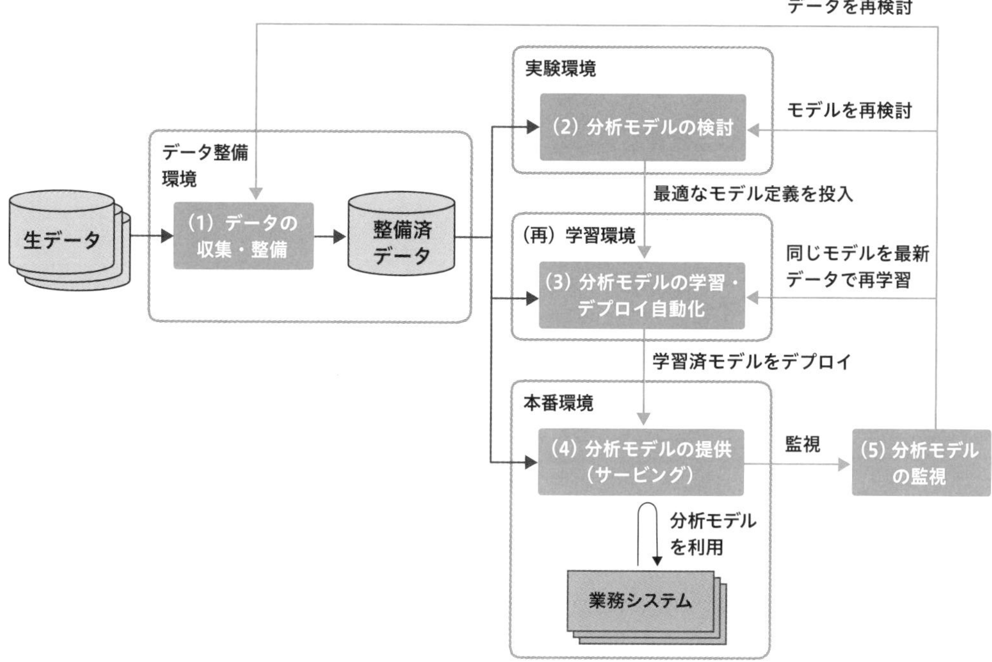

MLOpsの各ステップではAIだけでなくさまざまな分野の技術が活用されています。例えばデータの収集・整備では、大量データの並列分散処理やデータレイク・データウェアハウスの整備が必要となります。また分析モデルの学習・デプロイ自動化では、DevOpsで行われているようなCI/CDパイプラインの構築が必要です。

このようにMLOpsの考え方を取り入れた機械学習システムを構築するためには、データ分析だけでなくシステム開発の知識も重要となります。そのため、分析システムアーキテクト／分析システム開発者タイプのデータサイエンティストが構築を行います。以下では各ステップの詳細を紹介します。

(1) データの収集・整備

図 5.14 にデータの収集・整備の例を示します。ここでは、分析モデルの作成に必要なデータを収集して、分析モデルの検討・学習・利用時に扱いやすい形に整備します。

工場における設備故障の予兆検知を行う分析モデルを作成するケースを考えてみましょう。この工場内では、さまざまな設備のセンサーがゲートウェイ（GW）サーバに対してリアルタイムにデータを送信してきます。

このようなストリームデータの処理は、データ流量の急増時にシステムの負荷上昇を招きやすいという問題があります。そのため、収集したデータは一旦メッセージキューに集約してキューイングします。このデータはリアルタイムに加工したり、バッチ処理でまとめて加工したりします。

これとは別に、ETLツールなどを利用して、業務システムから日次バッチ処理でデータを収集します。そして、収集したデータを他のデータと結合・集約します。

ここで整備したデータは、後続の実験環境や学習環境、本番環境に提供します。機械学習で必要な正解データのラベル付けも、多くの場合、このデータ整備のうちの1ステップとして行います。

なお、ここではデータを扱いやすい形に整備するだけの場合もあれば、分析モデルに直接入力できる特徴量の形にまで加工してから提供する場合もあります。後者の場合、データ提供を行うデータストアを特徴量ストアと呼ぶこともあります。

図5.14　データの収集・整備

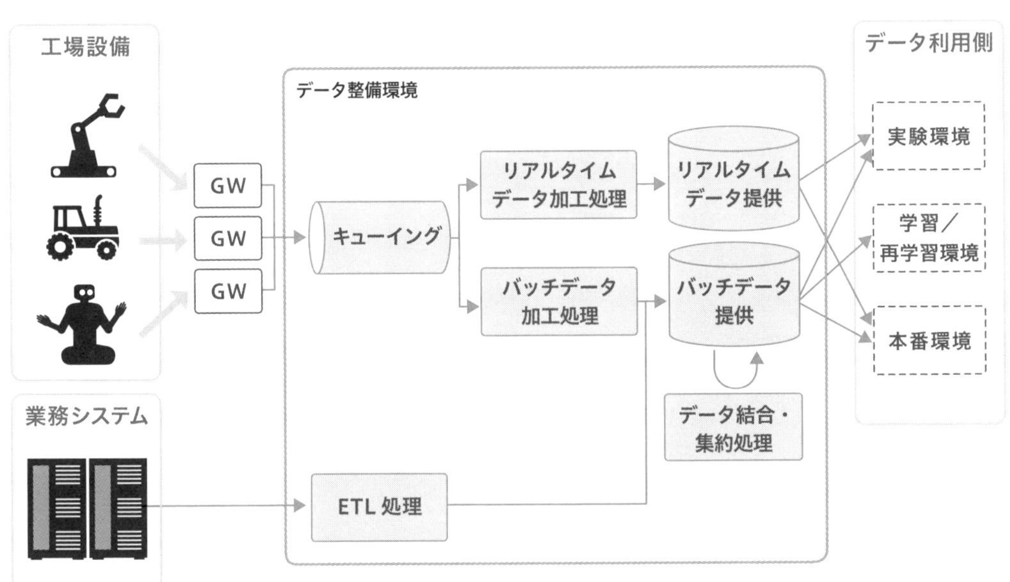

これら一連の作業はデータエンジニアリングともいいます。データエンジニアリングでは、大量のデータを収集して加工するデータパイプラインを構築するため、大量データの並列分散処理が必要となります。また、収集・加工したデータを提供するためのデータレイクやデータ

ウェアハウスの整備も必要となります。

(2) 分析モデルの検討

図5.15に分析モデルを検討する実験環境の例を示します。ここでは、データサイエンティストが試行錯誤を繰り返して分析モデルを構築します。この試行錯誤は、多くの場合、Jupyter Notebook上で行います。

図5.15 分析モデルの検討

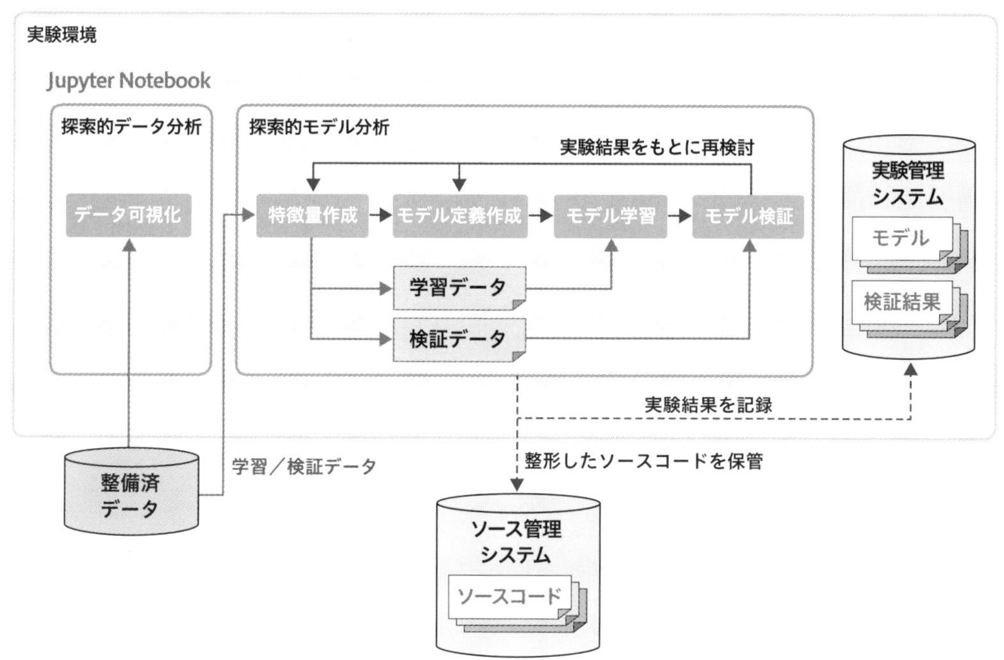

最初に、データエンジニアリングで整備したデータを可視化して、分析モデルの学習に使えそうなデータ項目、つまり特徴量を検討します。これを探索的データ分析といいます。

使えそうな特徴量が決まったら、データを加工して学習および検証用のデータセットを作成します。次に、分析モデルを新規作成、またはライブラリから適切な種類の分析モデルを選択します。そして、分析モデルの学習と検証を行い、予測精度などの評価指標を確認します。その結果をもとに、特徴量や分析モデルの調整・変更を行い、再び学習と検証を実施します。このような実験を繰り返して、予測精度などのスコアが良い分析モデルを探索します。この試行錯誤を探索的モデル分析といいます。

ここでの実験結果は後で再現できるように、作成した分析モデルや検証結果などを実験管理システムに記録していきます。また、作成したソースコードは後続のステップで実行できるように、学習・推論用の処理などを整形・追加してから、ソース管理システムに保管します。

(3) 分析モデルの学習・デプロイ自動化

実験でよい分析モデルを作成できたら、それを本番用にチューニング・評価してから本番環境にデプロイします。一連の学習・デプロイ作業はCI（Continuous Integration）、CD（Continuous Delivery）の仕組みを構築して自動化します。また、分析モデルの学習とデプロイ、監視、再学習というMLOpsのサイクルを実現するためには、本番用の学習処理は何度も呼び出せる必要があります。そのため、学習処理を事前にパイプライン化しておき、トリガーで何度も実行できるようにします。これにより、分析モデルの継続的な学習（CT：Continuous Training）を実現します。

図 5.16 に、分析モデルを本番環境へデプロイするまでの流れを示します。最初に、ソースコード管理システムに格納されたファイル群から学習パイプラインを作成して、本番用の学習環境にデプロイします。次に、学習時のチューニングに使用するハイパーパラメータなどを指定して、学習パイプラインを起動します。学習パイプラインでは最初に、データを前処理して学習 / 検証 / 評価用のデータセットを作成します。次に、分析モデルのハイパーパラメータチューニングで学習と検証を繰り返し、優秀な分析モデルを探索します。最後に、最も優秀な分析モデルを評価データで最終評価します。そして、評価結果に問題がないことを確認できたら、分析モデルを本番環境にデプロイします。

ここで実行した学習パイプラインは、分析モデルの予測精度が低下した際に、モデルを最新データで再学習する場合にも呼び出されます。

学習パイプラインの実行時に利用した学習／検証／評価データや、ハイパーパラメータなどの学習条件、生成された検証・評価結果、および学習済みモデルなどは、メタデータと呼ばれます。学習パイプラインは何度も実行されるため、MLOpsのシステムを運用していると多数のメタデータが生成されます。そのため学習パイプラインを構築する際は、どのパイプライン実行がどのメタデータを生成したのかを紐づけて記録する、メタデータ管理の仕組みも必要となります。

図 5.16 分析モデルの学習・デプロイ自動化

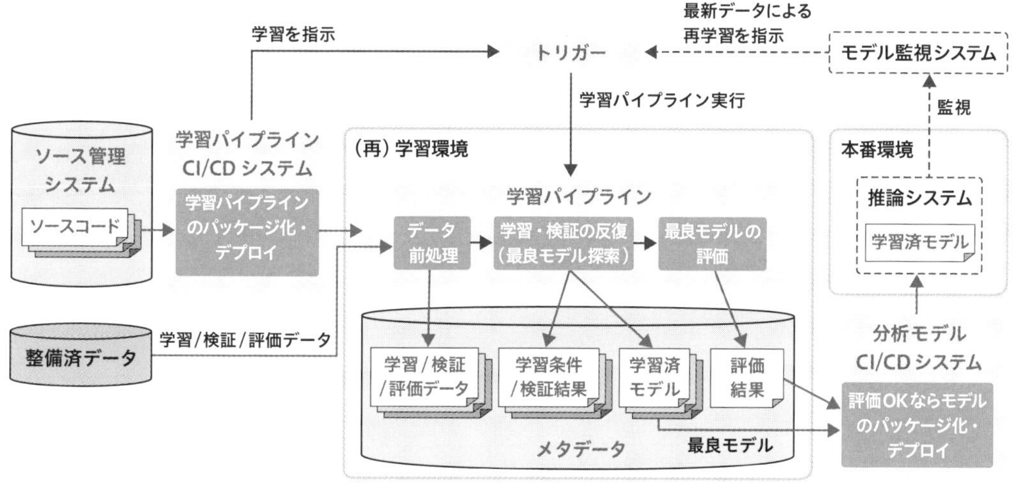

(4) 分析モデルの提供 (サービング)

分析モデルを本番環境にデプロイすることで、いよいよ分析モデルの利用が開始されます。ここでは分析モデルを利用したいシステムに対して、分析モデルを用いた予測機能を提供します。5.1 節で紹介した通り、分析モデルのサービング方式は推論に求められる要件によって異なりますが、ここではリアルタイム推論を例に紹介します。

図 5.17 にリアルタイム推論システムの例を示します。リアルタイム推論では、1 から数件のデータから即座に予測結果を取得します。そのため、予測機能を低レイテンシで利用できる REST や gRPC などのエンドポイントを提供します。

予測リクエストを受け付けたら、データをモデルに入力できる形に前処理します。データ自体は予測リクエストに含まれることもあれば、整備済みデータストア (特徴量ストア) から別途取得してくることもあります。そして、前処理したデータを分析モデルに入力して予測結果を得ます。得られた予測結果は後処理を行い、レスポンスとして返信します。

図 5.17 分析モデルの提供（サービング）

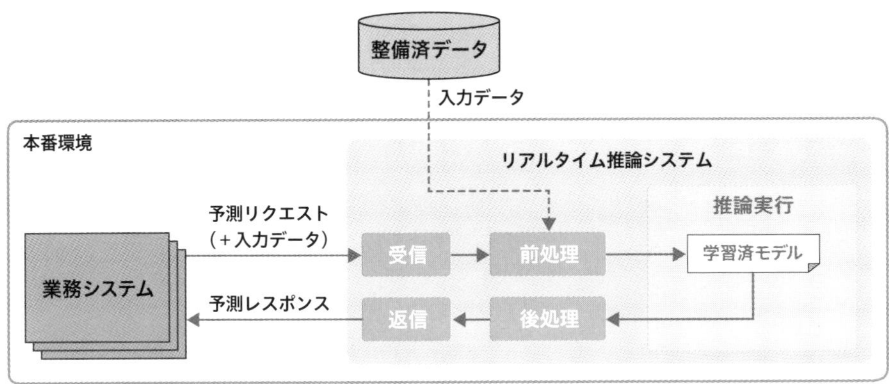

(5) 分析モデルの監視

5.2 節で紹介した通り、本番環境にデプロイした分析モデルの予測精度は低下する可能性があるため、予測精度の低下やその兆候を監視します。ここではデータ傾向変化の検知を行うモデル監視システムを例に説明します。

図 5.18 にモデル監視システムの例を示します。ここでは、推論システムにおける分析モデルへの入力データを、モデル監視システムに転送して蓄積しておきます。この蓄積したデータから推論時の入力データ分布を計算し、それを学習時のデータ分布と比較することで、データ分布間の差異をデータ傾向の変化として検出します。

データ傾向の変化を検出したらアラートを発令して管理者に通知します。そして、分析モデルの予測精度を回復するために、モデルを再学習します。このとき、同じ分析モデルを最新の学習データで再学習するか、モデル自体を再作成するか、あるいはデータのとり方自体を再検討する必要があります。

図 5.18 分析モデルの監視

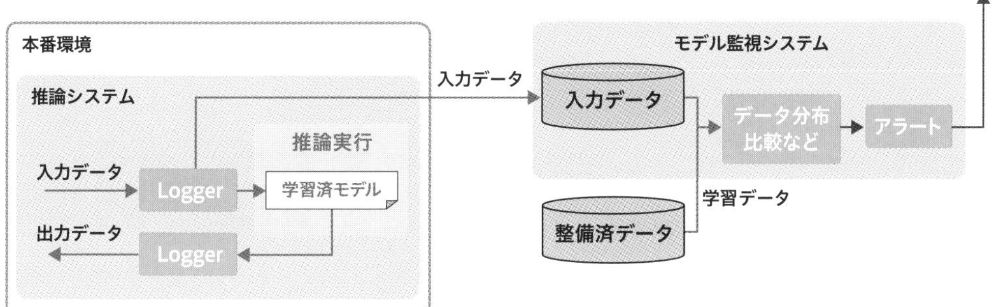

5.4 MLOpsを動かしてみよう

5.4.1 段階的に始めてみる

ここまでMLOpsの概要について紹介してきましたが、いざMLOpsを始めてみようとすると「やることがありすぎて、どこから始めたらよいか分からない」という大きな壁にぶつかります。

そこでMLOpsの考え方を一度に取り入れるのではなく、段階的に少しずつ拡張していく方法を考えてみましょう。分析モデルのライフサイクルを考えたとき、煩雑、複雑で支援が必要なフェーズはどこでしょうか？

最初に着手すべきなのは、5.3.2項で紹介した「(3) 分析モデルの学習・デプロイ自動化」だと思います。このフェーズでは、Jupyter Notebookなどを用いて開発された分析モデルをもとにして、本番に向けた分析モデルの開発・補強を行い、システムとして組込みます。データサイエンスを中心に考えていた分析モデルの検討のフェーズとは異なり、エンジニアリング的な管理が必要となってきます。このフェーズでは次のようなことが課題となります(**図 5.19**)。

図 5.19　分析モデルの学習・デプロイにおけるエンジニアリングの課題

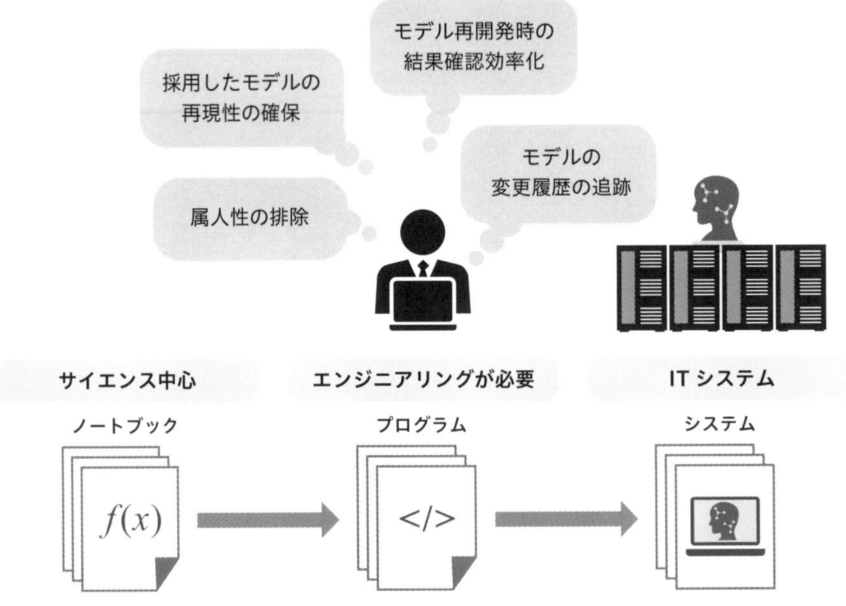

- 採用した分析モデルの再現性の確保
- 分析モデル再開発時における検証結果確認までのターンアラウンドの短縮
- システムに組込んだ分析モデルの変更履歴の追跡
- 分析モデルの学習、システム組込みのプロセスの標準化

特に複数人の開発者が関わってくる場合などでは、プロセスや成果物の形式が属人化してしまうと、引き継ぎが難しくなってしまうかもしれません。そうなる前に、開発物管理の標準や、システムへの取り込み方法を決めていく必要があります。ここから MLOps を始めるのが良いでしょう。

その後、段階的にその前後のステップに「MLOps 化」された手順を確立し、ある程度チームが慣れてきた後に、All-in-One の MLOps 基盤の導入を検討するのが、無理なくレベルアップできる方法と考えます。例えば、**図 5.20** に示した順序で、データエンジニアのプロセスを中心に、段階的に MLOps を取り入れていく方法もあるでしょう。

図 5.20 段階的な MLOps の考え方の導入

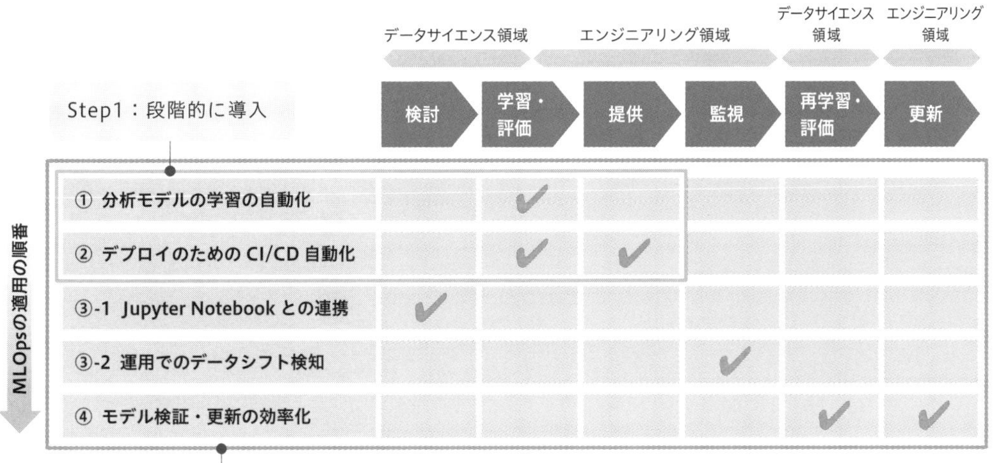

以降では、「①分析モデルの学習の自動化」「②デプロイのための CI/CD 自動化」を中心に、ツールを使いながら MLOps を試してみる方法をご紹介します。

5.4.2 サンプル業務システムで始める MLOps

簡単な回帰問題を取り扱うシステムを対象として、MLOps を始めてみましょう。

「住宅市場の価格を定期的に予測する」バッチ推論システムを対象とします。ここでは、データの入手が容易な、「Boston housing prices」データセット [*1] を用います。Boston housing prices のデータセットは、ボストン市の住宅価格を、犯罪率や一酸化炭素濃度、平均の部屋数などのいくつかの要因から予測するという、回帰問題のチュートリアルに良く用いられます。

今回は、この回帰問題の分析モデルを作成し、**図 5.21** に示すバッチ推論システムで利用するまでのフェーズを対象として、MLOps を実践してみることにします。このバッチ推論システムでは、定期的に送られてくる JSON 形式のテーブルデータを取り込んで、推論した結果をファイルとして保管します。

最初に、バッチ推論システムに組込む分析モデルの学習を自動化します。次に、バッチ推論システムへのデプロイを自動化します。また、問題なくデプロイできていることを確認するために、バッチ推論システムの挙動確認を行います。

*1 http://lib.stat.cmu.edu/datasets/boston

図 5.21　サンプルのアプリケーションシステム

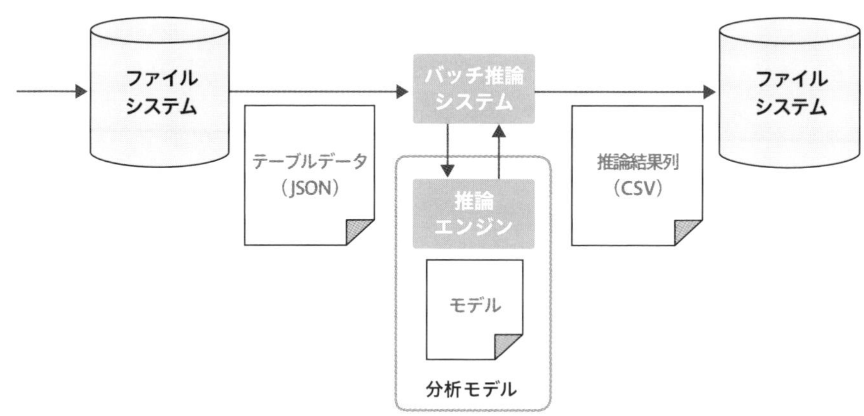

なお、このサンプル業務では、すでに「(2) 分析モデルの検討」は終わっていることを想定しています。今回は、検討の結果、LightGBM を用いて回帰問題を解くことを前提とします。

5.4.3 動作環境

分析モデルを動作させるためには、CI/CD などを中心として、多数の OSS を利用します。また、近年では、Linux のコンテナを用いて動作する OSS が多数登場してきています。そこで、本節の説明でも、Linux コンテナを利用して MLOps のライフサイクルを管理する方法を説明します。

本節のサンプルは Ubuntu Linux 20.04 の環境で動作を確認しています。また、本節で説明するサンプルは多数の OSS を利用して環境を構築しています。本書では環境構築の詳細の説明は割愛しておりますが、本書のフォローサイトで解説しておりますので、そちらをご参照ください。サイトの URL は下記の通りとなります。(PDF のダウンロードも可能です。)

http://www.ric.co.jp/book/contents/pdfs/3001_support.pdf

サンプルでは**表 5.2** のような OSS を利用しています。

表 5.2　本節のサンプルで利用する主な OSS 一覧

#	OSS	説明	バージョン
1	MLflow	分析モデル学習の実験記録を保存し管理する。	1.14.1
2	Optuna	ハイパーパラメータチューニングを行う	2.6.0
3	Kedro	学習のパイプラインを実行する	0.17.1

表 5.2 続き

#	OSS	説明	バージョン
4	LightGBM	勾配ブースティングを利用して決定木によるモデルの構築、推論を行う	3.1.1
5	matplotlib	学習結果をグラフとして保存する	3.3.4
6	GitLab-CE	ソースコードを管理する	13.9.3
7	Airflow	バッチのパイプラインを管理する	2.0.1

5.4.4 Step1：分析モデルの学習の自動化

サンプル業務システムにおいて、分析モデルの学習を自動化する際の処理の流れを、**図 5.22**に示します。入力データは、特徴量を生成した後、学習用、検証用、最良分析モデルの評価用に分け、学習データと検証データを利用して分析モデルの学習を行います。この際、ハイパーパラメータチューニングのツールを利用して、最良の分析モデルを生成するハイパーパラメータの組み合わせを探索し、その探索の履歴を実験管理に記録しておきます。

図 5.22 サンプル業務システムの分析モデル学習処理とデータの流れ

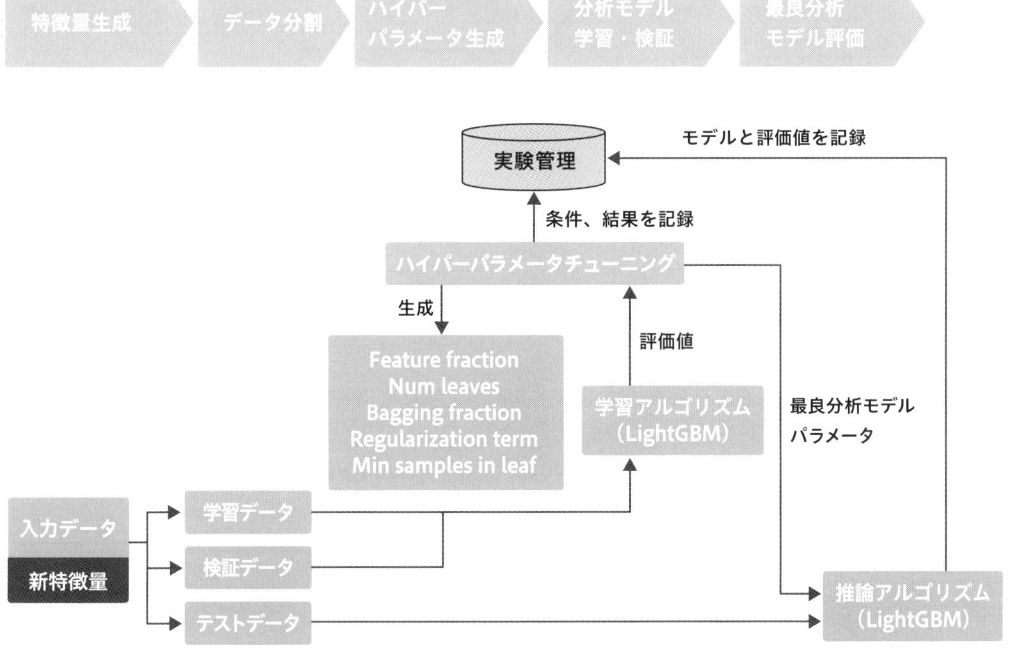

こういった処理の流れにすることで、次のようなメリットが得られます。

- パイプラインの規約に従い処理の粒度や I/F を標準化して実装でき、属人化を防ぐ
- 学習結果を自動的に実験に記録し、分析モデルの実験条件が確実に残るようにする
- データや業務条件が変更された場合に、これまでの分析モデルのアルゴリズムの有効性を素早く検証する

この処理を実現するために、**図 5.23** のように OSS でモデル開発支援システムを構築します。なお、下記の構成は Ubuntu Linux 20.04 のシステム上で、Docker コンテナを利用して構築と検証をしています。それぞれの機能はコンテナとして起動していますが、開発環境上の /workspace ディレクトリを、コンテナ間で共有するようにしています。こうすることで、各ツールの間でのデータの受け渡しがスムーズに行えるようになります。

図 5.23 分析モデル学習自動化のためのシステム構成

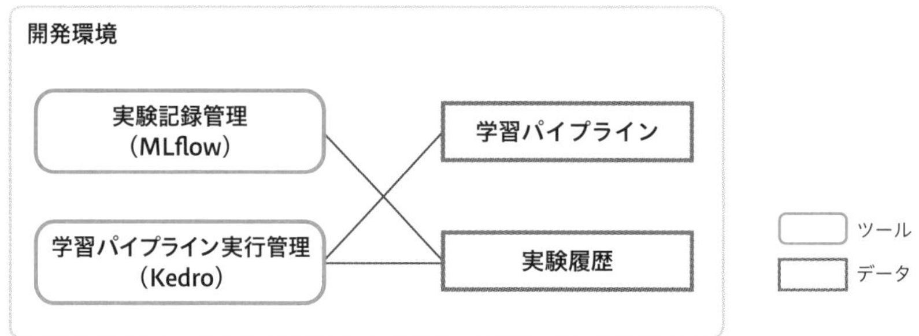

- **学習パイプライン実行環境（Kedro）**

  学習パイプラインを定義して、自動実行する機能と、いろいろな形式のデータに対して簡単にアクセスできる機能を提供する OSS です。マッキンゼー社の子会社である QuantumBlack 社が中心となって開発しています。
  Kedro は Python で記述され、パイプラインの実行、失敗時の途中からの再実行、データの入出力処理などの基本的な機能を提供しています。また、フレームワークの機能を利用するために新たに覚える機能が少なく、改変する内容も少ないため、既存のソースコードからの移行も比較的スムーズに行えます。最初に導入するのには適していると考えます。

- **実験記録管理（MLflow）**

  機械学習の分析モデルを学習し、結果を体系的に蓄積する機能などを提供する OSS です。Spark などの OSS の開発で知られる Databricks 社が中心となって開発しています。

機械学習の結果を確認するフレームワークの中では、データのフォーマットが比較的柔軟で、幅広いユースケースに対応できるため、利用が広がりつつあります。

- **ハイパーパラメータチューニング（Optuna）**

  ハイパーパラメータチューニングの機能を提供するオープンソースのライブラリです。Preferred Networks社が中心となって開発しています。
  Pythonを対象に、ライブラリを問わない汎用的な方法で、分析モデルの学習時に設定しなければならないハイパーパラメータを探索し、最良のハイパーパラメータの組み合わせを算出します。また、いくつかの機械学習ライブラリに対しては、より効率的なパラメータ探索の機能も提供します。実験的とされていますが、上記のMLflowとの連携機能もあり、実験の経緯を記録しながら探索するという目的にも適しています。

このシステムを利用した開発は次のような手順となります。

(1) Kedroを使ってプロジェクトを新規に作成する

(2) Kedroで作成したプロジェクトの環境をセットアップする

(3) データを準備する

(4) データエンジニアリングのパイプラインを実装する

(5) Optunaを利用してハイパーパラメータ探索を行うデータサイエンスのパイプラインを実装する

(6) モデルのハイパーパラメータの定義ファイルを編集する

(7) 実行するパイプラインを登録する

(8) ハイパーパラメータ探索を実行し、結果をMLflowから確認する

この手順を順に説明しながら、MLOpsを導入するときに考えるポイントをご紹介します。

(1) Kedroを使ってプロジェクトを新規に作成する

Kedroには新しくパイプラインを作成するためのテンプレート生成機能があります。それに従い、パイプラインを開発するためのプロジェクトを作成し、必要なライブラリのインストールを行います。

コマンドライン上からkedro newコマンドを実行してプロジェクトのテンプレートを作成します。

```
$ kedro new

Project Name:
=============
Please enter a human readable name for your new project.
Spaces and punctuation are allowed.
 [New Kedro Project]: boston  ◀— "boston" と入力

Repository Name:
================
Please enter a directory name for your new project repository.
Alphanumeric characters, hyphens and underscores are allowed.
Lowercase is recommended.
 [boston]:  ◀— デフォルト値を利用するので、何も入力せずにエンターキーを押す

Python Package Name:
====================
Please enter a valid Python package name for your project package.
Alphanumeric characters and underscores are allowed.
Lowercase is recommended. Package name must start with a letter
or underscore.
 [boston]:  ◀— デフォルト値を利用するので、何も入力せずにエンターキーを押す

Change directory to the project generated in /workspace/kedro/boston

A best-practice setup includes initialising git and creating a virtual environment
before running ``kedro install`` to install project-specific dependencies. Refer to the
Kedro documentation: https://kedro.readthedocs.io/
$
```

コマンドを実行すると、図 **5.24** のようなディレクトリが自動的に出来上がります。

図5.24 出来上がったディレクトリ

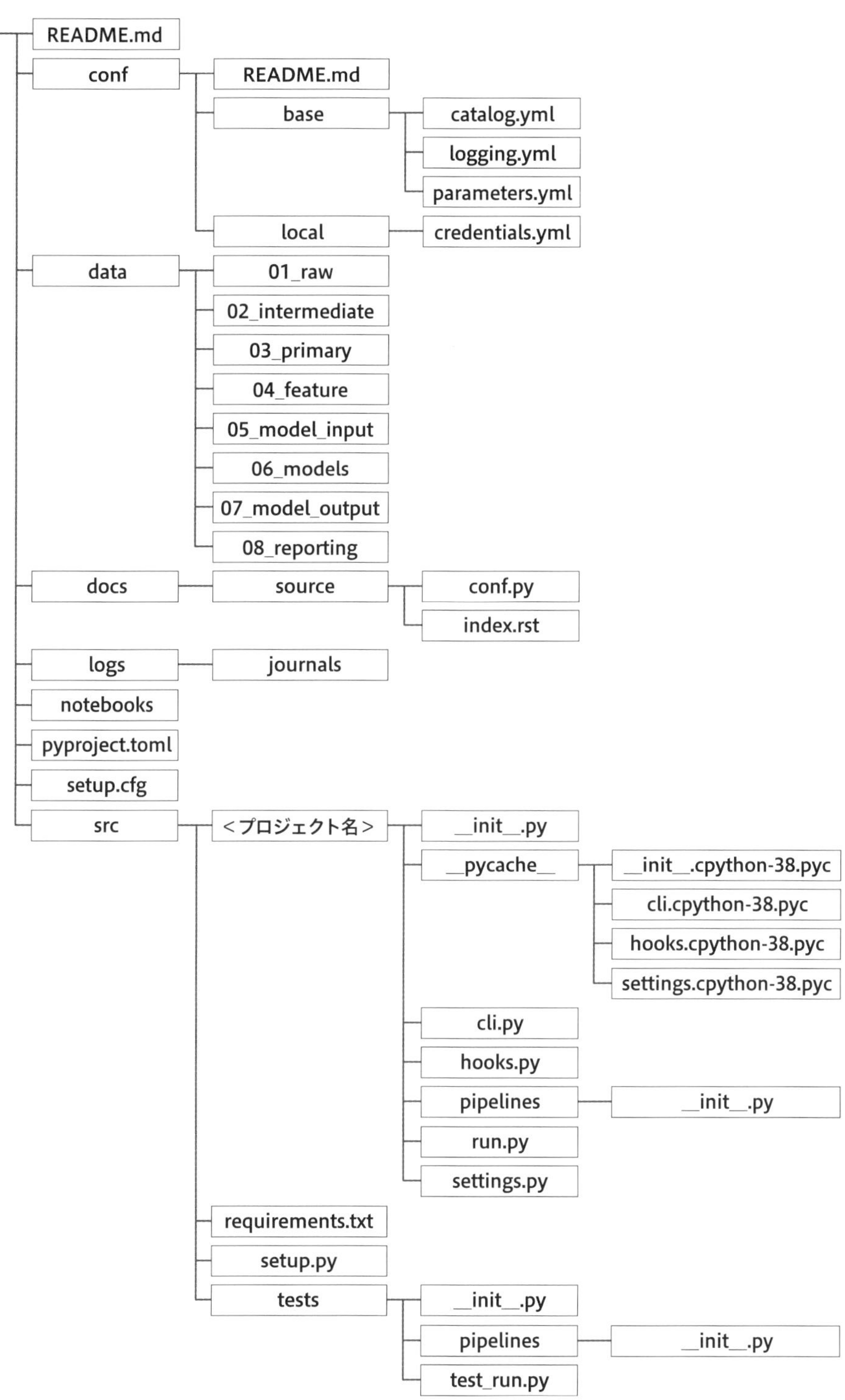

conf、data、src にそれぞれ、設定、データ、プログラムのソースコードのディレクトリが作成されます。

次に、作成されたプロジェクトのディレクトリに移動し、必要となるライブラリを指定したうえで、コマンドライン上から kedro install を実行すると、Kedro の実行に必要なライブラリが Python 環境に一通りインストールされます。

(2) Kedro で作成したプロジェクトの環境をセットアップする

kedro new コマンドで作成したプロジェクトの環境をセットアップします。作成したプロジェクトで、次のコマンドを実行することで、boston プロジェクトの src/requirements.txt が生成され、それに従って src/requirements.in が生成されます。次に、この src/requirements.in に、プロジェクトで利用するライブラリを追記します。

```
$ cd boston
$ kedro build-reqs
$ kedro install
```

例えば、次のように src/requirements.in を編集し、再度 kedro build-reqs、kedro install コマンドを実行して、必要なライブラリ一式をインストールします。

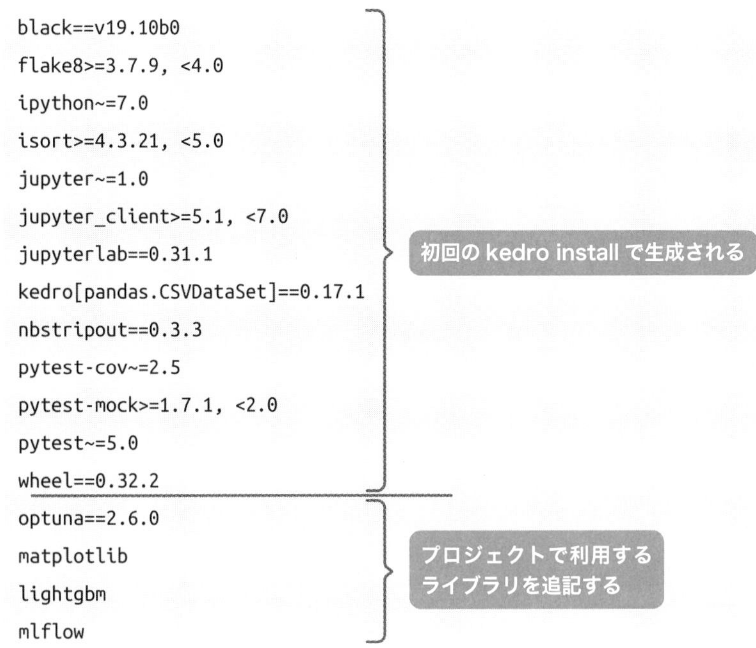

```
black==v19.10b0
flake8>=3.7.9, <4.0
ipython~=7.0
isort>=4.3.21, <5.0
jupyter~=1.0
jupyter_client>=5.1, <7.0
jupyterlab==0.31.1
kedro[pandas.CSVDataSet]==0.17.1
nbstripout==0.3.3
pytest-cov~=2.5
pytest-mock>=1.7.1, <2.0
pytest~=5.0
wheel==0.32.2
optuna==2.6.0
matplotlib
lightgbm
mlflow
```

初回の kedro install で生成される
プロジェクトで利用する
ライブラリを追記する

(3) データを準備する

今回は、Pythonのscikit-learnライブラリに付属しているBoston housing pricesのデータを配置します。

次のPythonコードを実行すると、付属しているcsvファイルのパスが分かりますので、そのファイルをdata/01_rawに保存します。

```
from sklearn.datasets import load_boston
print(load_boston()["filename"])
```

配置したデータを、Kedroが管理するデータカタログに登録すると、自動的にデータを読み込めるようになります。

conf/base/catalog.ymlに次のような内容を追記します。

```
boston:
  type: pandas.CSVDataSet
  filepath: data/01_raw/boston_house_prices.csv
```

Kedroフレームワークに従ったコードでは、"boston"という名前の入力データを指定すると、自動的にcsvが読み込まれるようになります。

(4) データエンジニアリングのパイプラインを実装する

Kedroでは、data_engineeringとdata_scienceの2つのパイプラインを実装して、それを順に呼び出す方法がベストプラクティスとなっています。分業するときなどに、それぞれの観点で実装できるといったメリットがあるためでしょう。Kedroのフレームワークに従い、データを読み込んで学習データ、検証データ、テストデータに分割する処理をdata_engineeringの処理として実装します。

基本的に、Kedroでは関数を用意するnodes.pyと、それらを組み合わせてパイプラインを定義するpipeline.pyの組み合わせで実装します。

src/boston/pipelines/data_engineering/nodes.pyには、以下のように実装します。処理内容は一般的なものなので割愛します。

```
import pandas as pd
from sklearn.model_selection import train_test_split

def parse_data(raw_df):
    raw_df.columns = raw_df.iloc[0].values
    raw_df = raw_df.drop(0)
    for column in raw_df.columns:
        raw_df[column] = pd.to_numeric(raw_df[column])

    label = raw_df["MEDV"]
    data  = raw_df.drop("MEDV", axis=1)
    return data, label

def split_dataset(data, label):
    data_train, data_eval, label_train, label_eval = \
        train_test_split(data, label, random_state=0)
    data_fit, data_val, label_fit, label_val = \
        train_test_split(data_train, label_train, random_state=0)
    return data_fit, label_fit, data_val, label_val, data_eval, label_eval
```

src/boston/pipelines/data_engineering/pipeline.py に nodes.py の処理を用いたパイプライン定義を行います。

```
from kedro.pipeline import node, Pipeline
from .nodes import parse_data, split_dataset

def create_pipeline(**kwargs):
    return Pipeline(
        [
            node(
                func=parse_data,
                inputs="boston",
                outputs=["data", "label"],
                name="parse_data"),
             node(
                func=split_dataset,
                inputs=["data", "label"],
                outputs=["data_fit", "label_fit", "data_val", "label_val", "data_eval",
"label_eval"],
```

```
            name="split_dataset"),
        ]
    )
```

パイプラインでは各ノードの“inputs”と“outputs”を定義します。それぞれ、関数の引数と戻り値で定義します。“inputs”と“outputs”に登録されたデータは、データカタログと一緒にパイプラインの中で共有され、別のパイプラインの入力として指定されると、その値が引数に渡されます。

また、最初の“parse_data”ノードでは、inputsに“boston”という名前が渡されていますが、「(2) データを準備する」で登録したboston housing pricesのCSVがpandasライブラリのDataFrameに変換されて、関数に渡されるようになります。

パイプラインでのノードの実行順番は、フレームワークによって“inputs”、“outputs”の間の依存関係が解析され、それに従って決定されます。

(5) Optunaを利用してハイパーパラメータ探索を行うデータサイエンスのパイプラインを実装する

データエンジニアリングのパイプラインを通して、Kedroフレームワークに慣れてきたところで、実際に分析モデルの学習を行い、最良モデルの評価を行うパイプラインを作成します。ここでは、5.4.2項で説明した通り、LightGBMを用いて回帰問題を解く分析モデルを作成します。

この時、ハイパーパラメータチューニングと実験管理の2つについて、どのような方針で実装するかを設計しておく必要があります。

- **ハイパーパラメータチューニング**

ハイパーパラメータチューニングの方式には、グリッドサーチと呼ばれる一般的な手法や、機械学習の手法に特化したヒューリスティックなパラメータサーチの手法があり、選択した分析モデルの手法によって、どういったハイパーパラメータの探索手法を用いるかを検討する必要があります。

LightGBMでは、7つのハイパーパラメータをチューニングする必要があります。このとき、グリッドサーチの手法では、7つのパラメータを独立に変化させ、その組み合わせの空間でパラメータを探索することになり、膨大な時間がかかります。Optunaには、LightGBMのパラメータチューニングとして、Step-Wiseアルゴリズムというものが実装されています[*2]。これを用いると、経験的に知られている重要なパラメータから順番にパラメータを決めていくことで、組み合わせを大幅に

---

*2　https://tech.preferred.jp/ja/blog/hyperparameter-tuning-with-optuna-integration-lightgbm-tuner/

減らすことができます。今回は、この Step-Wise アルゴリズムを用いたハイパーパラメータチューニングを行います。

- **実験管理**

 ハイパーパラメータチューニングの経緯も含めて、後から結果を追跡し、再現できるように、実験の記録を残します。
 実験管理には次のような方針があります。

 - **方針 1：**学習データと、最良のハイパーパラメータの条件、学習したモデル、評価値を残す
 実験の条件が残っていれば、そこから学習モデルを再度学習して再現することは可能ですが、ハイパーパラメータ探索を含めたすべてを再度実行すると時間がかかります。そこで、最良のハイパーパラメータと学習条件、学習の結果得られた Python の分析モデルを記録しておきます。別のテストデータなどで評価する場合は、蓄積した Python の分析モデルを用いて、すぐに評価することができます。
 - **方針 2：**ハイパーパラメータのチューニングをしている際の目的関数の変遷を残す
 各ハイパーパラメータチューニングでは、良し悪しを判断するために目的関数を定義し、その目的関数が最小（もしくは最大）になるような実験条件を探索します。ハイパーパラメータチューニングで幅広く解を探索できたか、各ハイパーパラメータの変更が影響したかを確認する目的で、この目的関数がどのように変遷したかをグラフとして可視化し、保存するようにしておきます。
 回帰問題では、目的関数の 1 つとして、平均二乗誤差（RMSE）などを用います。今回は、その値の変遷をグラフとして残します。
 - **方針 3：**ハイパーパラメータチューニングの探索中で試行した実験条件を記録する
 ハイパーパラメータの探索において、どのようなハイパーパラメータの組み合わせで探索し、その結果がどのような目的関数の値になったか、その組み合わせを個別の実験結果として記録します。

この方針に従い、MLflow を用いて実験結果を残します。MLflow で結果を記録する際には、次のような工夫をします。

- 実験記録の階層化（Nested）を利用
- 学習データ、学習結果のモデル、グラフを成果物（artifact）として保存
- Optuna の Callback の仕組みを利用してハイパーパラメータ探索の過程を MLflow に保存

上記の方針に従い、src/boston/pipelines/data_science/nodes.py を実装します。

```
import pandas as pd
import matplotlib.pyplot as plt

from sklearn.metrics import mean_squared_error,r2_score
```

```
import mlflow

import optuna
import optuna.logging
import optuna.integration.lightgbm as lgbm
from optuna.integration.lightgbm import LightGBMTuner
from optuna.integration.mlflow import MLflowCallback

import os
import shutil
import pickle

def prepare_lgbm_dataset(data_fit, label_fit, data_val, label_val):
    dataset_fit = lgbm.Dataset(data_fit, label_fit)
    dataset_val = lgbm.Dataset(data_val, label_val)
    return dataset_fit, dataset_val

def train_model(dataset_fit, dataset_val, params):
    study = optuna.create_study()

    # MLflowに結果を書き込むRunを作成する
    # Experimentの名前はMLflowCallbackの仕様に合わせせる
    mlflow_tracking_uri = params["mlflow"]["mlflow_tracking_uri"]
    mlflow.set_tracking_uri(mlflow_tracking_uri)
    mlflow.set_experiment(study.study_name)

    with mlflow.start_run() as run:
        run_id = run.info.run_id
        mlflc = MLflowCallback(tracking_uri=mlflow_tracking_uri,
            metric_name="RMSE", nest_trials=True)

        optuna.logging.set_verbosity(optuna.logging.CRITICAL)
```

```
        tuner = LightGBMTuner(params["optuna"],
                              train_set = dataset_fit,
                              valid_sets= dataset_val,
                              study=study,
                              optuna_callbacks=[mlflc],
                              early_stopping_rounds=params["early_stopping_rounds"],
                              verbosity=0,
                              verbose_eval=False)
        tuner.run()

        best_model = tuner.get_best_booster()
        return run_id, study, best_model

def dump_study(run_id, study, best_model, data, label):
    with mlflow.start_run(run_id = run_id):
        os.makedirs("results", exist_ok=True)

        rmse_df = pd.DataFrame([trial.value for trial in study.trials], \
columns=["rmse"])
        rmse_df.to_csv(os.path.join("results", "tmp_study.csv"))
        # 学習時のmetricの推移をグラフ化して保存
        fig,ax=plt.subplots(1,1, figsize=(8,8))
        rmse_df.plot(ax=ax, kind="line")
        plt.savefig(os.path.join("results", "tmp_study.png"))

        # 入出力のデータを保存
        # (サイズが大きい場合は直接データを保存せず、データへのパス情報を含めたほうが良い)
        data.to_csv(os.path.join("results", "features.csv"))
        label.to_csv(os.path.join("results", "labels.csv"))

        with open(os.path.join("results", "model.pickle"),"wb") as f:
            pickle.dump(best_model, f, protocol=2)
```

```
        # 結果をmlflowに保存する
        mlflow.log_artifacts("results", artifact_path="results")
        shutil.rmtree("results")

def eval_model(run_id, best_model, data_fit, label_fit, data_val, label_val, data_eval,
label_eval):
    with mlflow.start_run(run_id = run_id):
        prediction_for_fit = best_model.predict(data_fit)
        prediction_for_valid = best_model.predict(data_val)
        prediction_for_eval  = best_model.predict(data_eval)

        r2_for_train = r2_score(label_fit,   prediction_for_fit)
        r2_for_val   = r2_score(label_val,   prediction_for_valid)
        r2_for_eval  = r2_score(label_eval,  prediction_for_eval)
        score = {"r2-train": r2_for_train, "r2-validation": r2_for_val, "r2-eval": r2_
for_eval}
        for k, v in score.items():
            mlflow.log_metric(k, v)
        return score
```

対応するパイプライン定義をsrc/boston/pipelines/data_science/pipeline.pyに実装します。いくつかの“inputs”にはデータエンジニアリングのパイプラインで定義したoutputsが使われています。

```
from kedro.pipeline import node, Pipeline
from .nodes import *

def create_pipeline(**kwargs):
    return Pipeline(
        [   node(
                func=prepare_lgbm_dataset,
                inputs=["data_fit", "label_fit", "data_val", "label_val"],
                outputs=["dataset_fit", "dataset_val"],
```

```
            name="prepare_lgbm_dataset"),
        node(
            func=train_model,
            inputs=["dataset_fit", "dataset_val", "parameters"],
            outputs=["run_id", "study", "best_model"],
            name="train_model"),
        node(
            func=dump_study,
            inputs=["run_id", "study", "best_model", "data", "label"],
            outputs=None,
            name="dump_study"),
        node(
            func=eval_model,
            inputs=["run_id", "best_model", "data_fit", "label_fit",
                    "data_val", "label_val", "data_eval", "label_eval"],
            outputs="score",
            name="eval_model")])
```

(6) モデルのハイパーパラメータの定義ファイルを編集する

OptunaやMLflowなどを利用する際にはいくつかのパラメータを指定する必要があります。これらをソースコードの中に直接埋め込んでおくと、どのようなパラメータを設定したのかが分かりづらくなります。Kedroではこれらのパラメータをconf/base/parameter.ymlに定義しておくことで、ソースコードから`params["パラメータ名"]`としてアクセスすることができるようになります。

今回は、次のようにパラメータファイルを設定しました。

```
early_stopping_rounds: 100
# MLflowが利用するパラメータ
mlflow:
  mlflow_tracking_uri: http://mlops-test-vm:5000
# Optunaに渡すパラメータ
optuna:
```

```
objective: regression
metric: rmse
verbose: -1
random_seed: 0
```

(7) 実行するパイプラインを登録する

データエンジニアリング、データサイエンスで定義したパイプラインをKedroから呼び出すように登録します。これは、src/boston/hooks.pyに追記します。hooks.pyはkedro newコマンドによって自動的に生成されるので、自動生成されるコードから書き換える部分を太字で記載しています。

```
from .pipelines.date_engineering import pipeline as de
from .pipelines.data_science import pipeline as ds

class ProjectHooks:
    @hook_impl
    def register_pipelines(self) -> Dict[str, Pipeline]:
        """Register the project's pipeline.

        Returns:
            A mapping from a pipeline name to a ``Pipeline`` object.

        """
        data_engineering_pipeline = de.create_pipeline()
        data_science_pipeline = ds.create_pipeline()

        return {
            "de": data_engineering_pipeline,
            "ds": data_science_pipeline,
            "__default__": data_engineering_pipeline + data_science_pipeline,
        }
```

(8) ハイパーパラメータ探索を実行し、結果をMLflowから確認する

準備ができたら、kedro run コマンドを実行して、結果がMLflowに格納されていることを確認します。Optunaを利用して、ハイパーパラメータを探索しながら分析モデルを学習している様子が、プログレスバーで表示され、しばらく待っていると終了します。

```
$ kedro run
2021-03-12 09:03:28,600 - kedro.framework.session.store - INFO - `read()` not implemente
d for `BaseSessionStore`. Assuming empty store.
fatal: not a git repository (or any parent up to mount point /)
Stopping at filesystem boundary (GIT_DISCOVERY_ACROSS_FILESYSTEM not set).
＜省略＞
train_model: train_model([dataset_fit,dataset_val,parameters]) -> [best_model,run_id,stu
dy]
[I 2021-03-12 09:03:28,815] A new study created in memory with name: no-name-830f3960-
755c-4e7a-8c0e-aa9e76576656
INFO: 'no-name-830f3960-755c-4e7a-8c0e-aa9e76576656' does not exist. Creating a new expe
riment
/workspace/kedro/housing/src/housing/pipelines/data_science/nodes.py:35: ExperimentalWa
rning: MLflowCallback is experimental (supported from v1.4.0). The interface can change
in the future.
  mlflc = MLflowCallback(
/workspace/.local/lib/python3.8/site-packages/optuna/integration/_lightgbm_tuner/optimiz
e.py:437: FutureWarning: `verbosity` argument is deprecated and will be removed in the f
uture. The removal of this feature is currently scheduled for v4.0.0, but this schedule
is subject to change. Please use optuna.logging.set_verbosity() instead.
  warnings.warn(
```

```
feature_fraction, val_score: 2.847181: 100%|###############| 7/7 [00:05<00:00, 1.18it/s]
num_leaves, val_score: 2.790937: 100%|###################| 20/20 [00:19<00:00, 1.05it/s]
bagging, val_score: 2.790937: 100%|######################| 10/10 [00:03<00:00, 2.51it/s]
feature_fraction_stage2, val_score: 2.790937: 100%|########| 3/3 [00:01<00:00, 2.14it/s]
regularization_factors, val_score: 2.621463: 100%|#######| 20/20 [00:10<00:00, 1.98it/s]
min_data_in_leaf, val_score: 2.562573: 100%|###############| 5/5 [00:02<00:00, 2.15it/s]
[00:02<00:00,  2.15it/s]2021-03-12 09:04:11,820 - kedro.io.data_catalog - INFO - Saving
data to `run_id` (MemoryDataSet)...
<省略>
2021-03-12 09:04:12,396 - kedro.runner.sequential_runner - INFO - Pipeline execution com
pleted successfully.
2021-03-12 09:04:12,396 - kedro.io.data_catalog - INFO - Loading data from `score` (Memo
ryDataSet)...
2021-03-12 09:04:12,396 - kedro.framework.session.store - INFO - `save()` not implemente
d for `BaseSessionStore`. Skipping the step.
```

正しく終了した場合は、MLflow Tracking Serverが提供するUIを通して、結果が正しく記録されているかを確認します。kedro runコマンドを実行するごとに、**図5.25**のように、画面左側にあるExperimentが1つ追加され、それを選択すると、ハイパーパラメータの探索結果の一覧を確認できます。

図5.25 MLflowでの実験記録画面

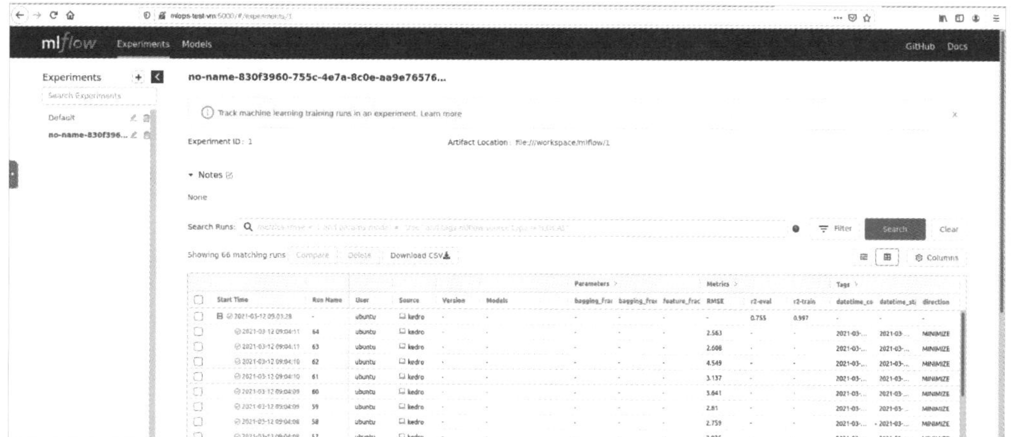

実験記録は**図 5.26** のように階層化されており、一番上には、対象となる学習データと、ハイパーパラメータチューニングを行った際の最良の結果のモデルの情報と、目的関数（RMSE）の変遷を示すグラフが保存されています。また、その下には、それぞれのハイパーパラメータをどのような組み合わせで探索したかが系列データとして記録されています。

図 5.26　階層化された実験記録の階層の説明

ハイパーパラメータの目的関数の推移や、得られた最良の分析モデルのバイナリデータ（pickle ファイル）が記録されています。そのため、後から別のデータで学習する場合は、pickle ファイルをダウンロードして、それを用いて推論を行うことで、素早く結果を確認することができます（**図 5.27**）。

図 5.27　ハイパーパラメータ探索全体での実験記録

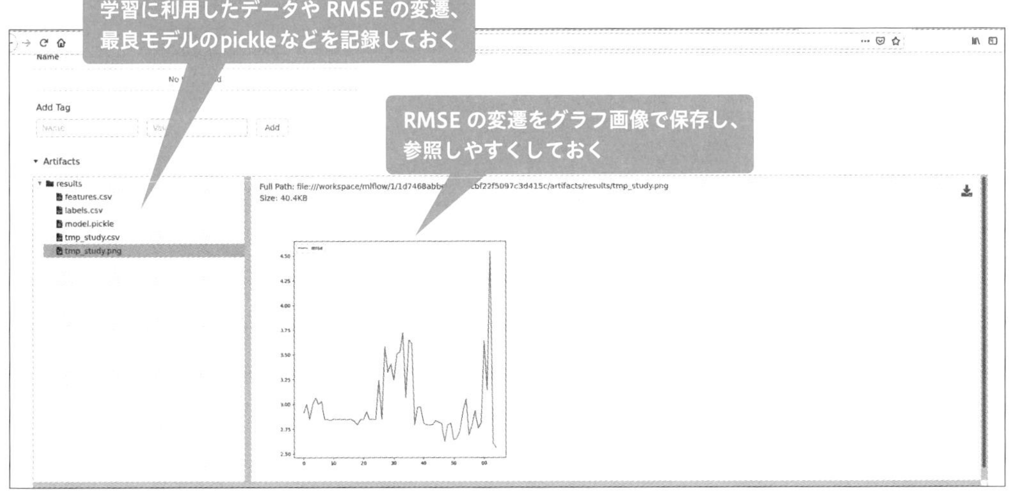

個々のハイパーパラメータ探索の記録ではそれぞれ、どのようなパラメータを探索したか、その時の目的関数がどのような値だったかが記録されます。LightGBM を対象とした Step-Wise を用いていますので、重要なパラメータから、少しずつパラメータを決めていっている様子を確認できます。また、アルゴリズム最良モデル以外に、どのような実験条件で良い分析モデルができていたかを確認することができます（**図 5.28**）。

図 5.28　個別のハイパーパラメータ探索の実験記録画面

						Parameters >			Metrics >			Tags >		
Start Time	Run Name	User	Source	Version	Models	bagging_fra	bagging_fre	feature_frac	RMSE	r2-eval	r2-train	datetime_co	datetime_st	direction
2021-03-12 09:04:04	49	ubuntu	kedro	-	-	-	-	-	2.81	-	-	2021-03-...	2021-03-...	MINIMIZE
2021-03-12 09:04:03	48	ubuntu	kedro	-	-	-	-	-	2.791	-	-	2021-03-...	2021-03-...	MINIMIZE
2021-03-12 09:04:03	47	ubuntu	kedro	-	-	-	-	-	2.621	-	-	2021-03-...	2021-03-...	MINIMIZE
2021-03-12 09:04:02	46	ubuntu	kedro	-	-	-	-	-	2.806	-	-	2021-03-...	2021-03-...	MINIMIZE
2021-03-12 09:04:02	45	ubuntu	kedro	-	-	-	-	-	2.818	-	-	2021-03-...	2021-03-...	MINIMIZE
2021-03-12 09:04:01	44	ubuntu	kedro	-	-	-	-	-	2.833	-	-	2021-03-...	2021-03-...	MINIMIZE
2021-03-12 09:04:01	43	ubuntu	kedro	-	-	-	-	-	2.791	-	-	2021-03-...	2021-03-...	MINIMIZE
2021-03-12 09:04:00	42	ubuntu	kedro	-	-	-	-	-	2.791	-	-	2021-03-...	2021-03-...	MINIMIZE
2021-03-12 09:04:00	41	ubuntu	kedro	-	-	-	-	-	2.791	-	-	2021-03-...	2021-03-...	MINIMIZE
2021-03-12 09:03:59	40	ubuntu	kedro	-	-	-	-	-	2.81	-	-	2021-03-...	2021-03-...	MINIMIZE
2021-03-12 09:03:59	39	ubuntu	kedro	-	-	-	-	0.92	2.971	-	-	2021-03-...	2021-03-...	MINIMIZE
2021-03-12 09:03:58	38	ubuntu	kedro	-	-	-	-	0.95200...	2.971	-	-	2021-03-...	2021-03-...	MINIMIZE
2021-03-12 09:03:58	37	ubuntu	kedro	-	-	-	-	0.98400...	2.791	-	-	2021-03-...	2021-03-...	MINIMIZE
2021-03-12 09:03:57	36	ubuntu	kedro	-	-	0.57034...	7	-	3.612	-	-	2021-03-...	2021-03-...	MINIMIZE
2021-03-12 09:03:57	35	ubuntu	kedro	-	-	0.51811...	5	-	3.65	-	-	2021-03-...	2021-03-...	MINIMIZE
2021-03-12 09:03:57	34	ubuntu	kedro	-	-	0.88927...	1	-	3.062	-	-	2021-03-...	2021-03-...	MINIMIZE
2021-03-12 09:03:56	33	ubuntu	kedro	-	-	0.40560...	6	-	3.722	-	-	2021-03-...	2021-03-...	MINIMIZE
2021-03-12 09:03:56	32	ubuntu	kedro	-	-	0.60183...	3	-	3.525	-	-	2021-03-...	2021-03-...	MINIMIZE
2021-03-12 09:03:55	31	ubuntu	kedro	-	-	0.69439...	2	-	3.507	-	-	2021-03-...	2021-03-...	MINIMIZE
2021-03-12 09:03:55	30	ubuntu	kedro	-	-	0.80136...	1	-	3.244	-	-	2021-03-...	2021-03-...	MINIMIZE

このように、フレームワークを利用して、プログラムを適切な粒度の関数やパイプラインに整理しながら実装し、その実験結果が自動的に記録されるシステムを実現することができました。

5.4.5 Step2：分析モデルのデプロイ自動化

サンプル業務システムにおいて、分析モデルのデプロイを自動化する際の処理の流れを**図 5.29** に示します。Step1 で作成された分析モデルと、それをシステムに組込むためのインタフェースを実装する推論コードを作成して、それを元にシステムに組込むための推論モデルの実行バイナリを作成します。それをサンプル業務のバッチ推論システムの検証環境に組込み、そこでシステムテストや外れ値データなどでの挙動の検証や性能などの非機能要件の検証を行い、本番環境に組込んでよいかを確認します。

図 5.29　サンプル業務システムの分析モデルデプロイ処理とデータの流れ

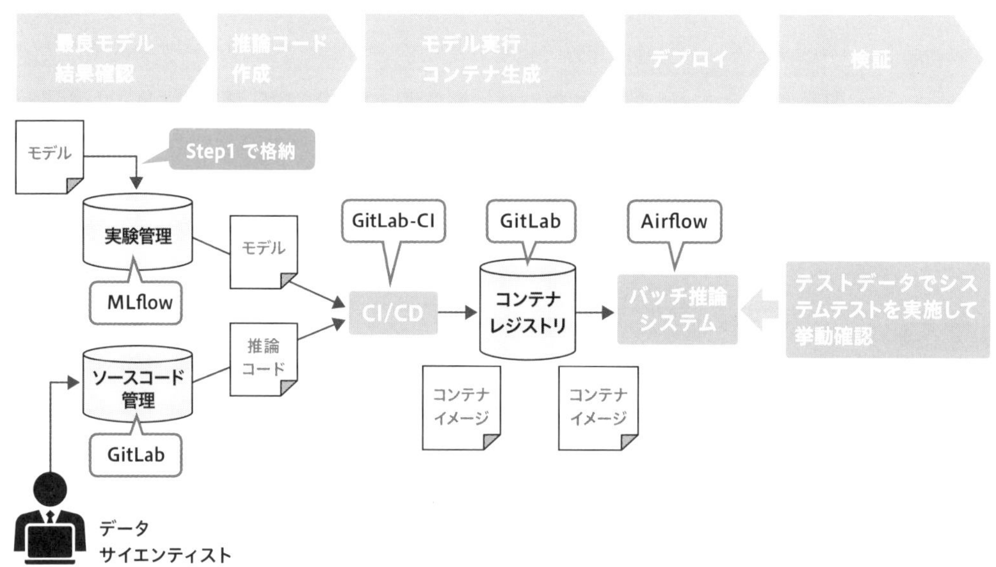

このような方式にすることで、次のようなメリットがあります。

- 作成したモデルをシステムに組込むときのインタフェースを標準化し、モデルのアルゴリズムの入れ替えなどの際に、システム全体に影響することなく分析モデルを入れ替えることができる
- 学習された分析モデルをシステムに組込むまでのリードタイムを短縮でき、問題が発生した後のシステムへのモデルの更新のコストを削減できる

- システムに組込むモデルのバイナリ、それを作成した推論コードや分析モデルを紐づけて管理することができるようになり、追跡が容易になる

ここでは、特に分析モデルをバッチ推論システムに組込むまでの処理の自動化について説明します。

この処理を実現するために、**図5.30**のようにOSSによるモデル開発支援システムを構築して実行を自動化します。

Step1と同じように、このシステム構成はUbuntu Linux 20.04のシステム上で、Dockerコンテナを利用して構築と検証をしています。それぞれの機能はコンテナとして起動していますが、開発環境上の/workspaceディレクトリをコンテナ間で共有するようにしています。こうすることで、各ツールの間でのデータの受け渡しがスムーズに行えるようになります。

なお、ここで利用しているGitLabは、デフォルトの設定で起動すると常に2~4GB程度のメモリを利用します。十分なメモリが搭載されている環境で実行することをお勧めします。

図5.30　分析モデルデプロイ自動化のためのシステム構成

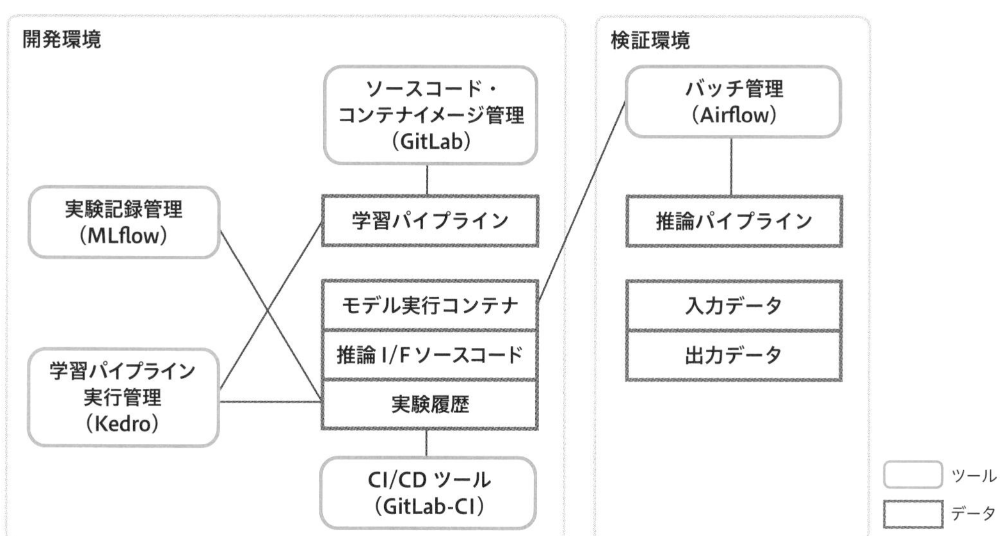

- **ソースコード・コンテナイメージ管理（GitLab）**

GitLab社が開発したオープンソースのソースコードリポジトリ管理のシステムです。ソースコードのバージョン管理のソフトウェアはいくつもありますが、その中でもgitは広く普及したツールの1つです。GitLabは、チーム内でgitのリポジトリを共有してチーム開発をしたりするための機

能を Web サービスとして提供しています。そのコア機能を OSS として公開した GitLab-CE を利用して、ソースコードの管理を行います。Microsoft 社が提供する GitHub や、GitLab 社の Web サービス以外の選択肢として、OSS 版の GitLab-CE は広く知られています。

- **CI/CD ツール（GitLab-CI）**

  ソースコードのバージョン管理ツールに登録されたソースコードなどを用いて、検証や本番で利用することができるバイナリイメージを作成したり、そのイメージに対してテストコードを実行してその結果を格納したりするためのツールとして、CI/CD（Continuous Integration, Continuous Deployment）ツールを導入することがあります。CI/CD ツールとしては、Jenkins や Argo CD などのツールも知られていますが、GitLab と組み合わせて利用する GitLab-CI はその導入の敷居も低いため、ここでは GitLab-CI を用いて自動的に分析モデルの実行イメージを作成します。

- **バッチ管理（Apache Airflow）**

  分析モデルを組込んで業務のワークフローを自動的に実行するバッチ処理を行うシステムです。バッチ管理については、データサイエンティストではなく、それを取り入れるシステムエンジニアが中心となって開発することが多いと思います。ここでは、Airbnb 社が開発し、現在は Apache Software Foundation で開発が行われている Apache Airflow を用いて、業務システムから分析モデルを呼び出す処理を確認します。
  Apache Airflow は Python で書かれたバッチ処理スケジューラで、Python との親和性が高いことから、データ処理を中心としたシステムなどで使われ始めています。

このシステムを利用した分析モデルのデプロイは次のような手順となります。

(1) インタフェースを設計する

(2) 推論コードを実装する

(3) GitLab にソースコードを登録する

(4) GitLab-CI を利用してコンテナを作成する

(5) 検証環境の推論処理を実装する

(6) 検証環境のデータを準備する

(7) 検証環境の推論処理を実行する

この手順を順に説明します。

(1) インタフェースを設計する

業務システムと分析モデルの間の呼び出しのインタフェースや、データの前処理などを業務システムと分析モデルのどちらで行うかといったことを取り決めておきます。こうすることで、問題が発生した場合に、分析モデル、業務システムのバッチのいずれを改修すればよいかが明確になります。

- **データ送受信のインタフェース**

  業務システムと分析モデルの間のインタフェースは、リアルタイム処理やバッチ処理などの用途に応じて、適した形式が変わってくる可能性があります。ただし実装が大変だったり、RDBからのクエリのようにチューニングが必要な実装を分析モデル側に取り入れてしまうと改修が大変になるので、比較的シンプルなインタフェースにしておくことが良いでしょう。例えば、次のようなものにすることが考えられます。

  - **CSVファイル**
    バッチ処理の時系列データやテーブルデータについては、CSV形式に変換してから分析モデルに渡すのがシンプルで、汎用性が高くなると考えます。
  - **PythonのDataFrameやnumpyの配列**
    Pythonのscikit-learnやTensorFlowなどの分析モデルのエンジンとして利用されるライブラリでは、インタフェースにDataFrameやnumpyの配列が渡される場合が多くあります。
  - **REST APIとJSONのインタフェース**
    リアルタイム処理で小さなデータを対象にして分析モデルの推論処理を繰り返す場合は、分析モデルを独立した小さなWebサービスとして実装し、業務システムから呼び出すのが適しています。

  画像や音声などの場合、モデルに画像を渡す、業務システム側でnumpyの配列に変換して、それを渡すといった形が考えられますが、データに対する前処理をどちらが行うかなどによって担当を決めておくのが良いでしょう。

- **前処理の実装**

  RDBからデータを読込み、シンプルなテーブルデータの形式に変換したり、画像をnumpyの配列に変換したりといった処理は分析モデルではなく、業務システム側の担当とした方が、分析モデルの役割をシンプルに保つことができるので良いでしょう。
  一方で、特徴量の選択やデータのフィルタリングなどについては、分析モデルに依存する部分もあるため、分析モデル側で実装するといったことをした方が良いかもしれません。
  分析モデル側を更新するタイミングで合わせて変更する処理は分析モデルで処理し、チューニングが難しいもの、一般的なIT技術で実装できるものは業務システムに分けるように取り決めておくのが良いと考えます。

- **分析モデルのバイナリの渡し方**

  分析モデル学習の結果として得られる分析モデルのパラメータ群はpickle形式などのPythonのバイナリファイルとして保存しておき、推論システムに組込まれる際にそれを読み込むことが一般的です。この分析モデルのパラメータをCI/CDツールでコンテナを作成するときに埋め込んでおくか、コンテナを業務システムに組込んだ後に推論を行う直前に読み込んでくるかを決めておくことが必要になります。

CI/CD ツールに分析モデルのバイナリを組込むようにした場合、分析モデルの更新頻度が高いと何度も CI/CD ツールを実行することになります。そういった場合は、コンテナイメージに分析モデルパラメータのバイナリを含めず、利用する際に毎回読み込んでくるといったことも選択肢となります。

- **分析モデルのバージョン管理形式**

分析モデルには推論処理を行うプログラムのソースコード、モデル学習の結果として得られるモデルパラメータなどの構成要素があります。システムに組込む際にはそれぞれについて、どのバージョン、どの試行の結果を使ったかという組み合わせを管理する必要があります。組み合わせなどをどのリポジトリで、どういった形式で管理するのか事前にルールを決めておく必要があります。

今回のサンプル業務はとてもシンプルなバッチ推論システムを想定しているため、**図 5.31** のようなインタフェースとします。

図 5.31 分析モデルデプロイ自動化のためのシステム構成

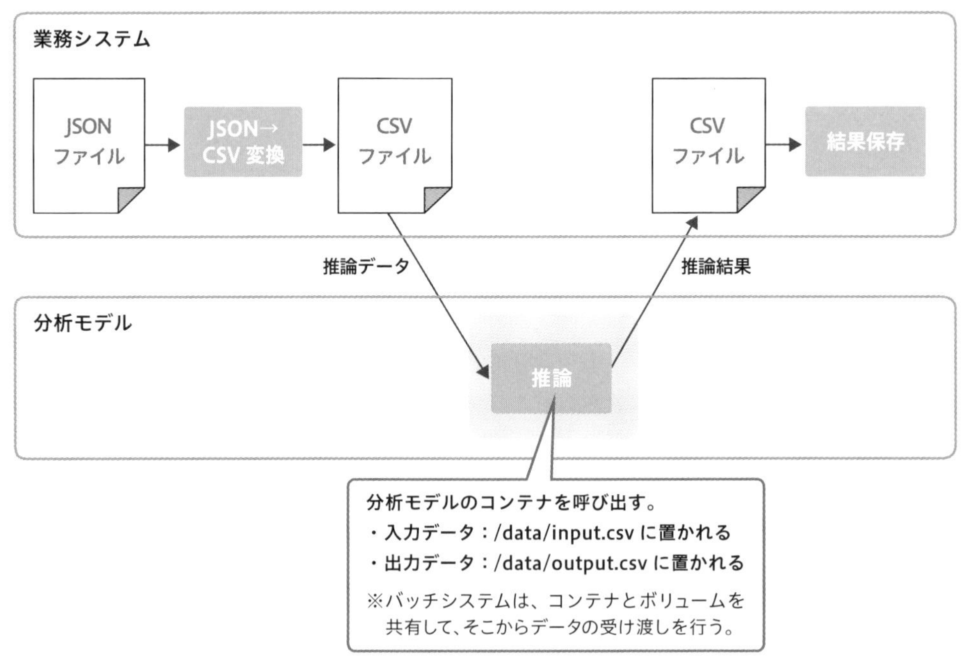

- **データのインタフェース**

分析モデルは /data/input.csv を読み込み、結果を /data/output.csv に出力します。

- **前処理**

  JSONの入力データを業務システム側でCSVに変換します。

- **モデルバイナリの渡し方**

  /model/model.pickleに置かれたモデルを利用します。モデルのバイナリはCI/CDのタイミングでモデルに入れ込みます。

- **分析モデルのバージョン管理形式**
  - 分析モデルのバイナリは、CI/CD時にコンテナイメージに取り込みます。
  - 分析モデルのバイナリとして、Step1でMLflowに登録した学習結果を利用します。
  - 推論コードを管理するリポジトリの.gitlab-ci.ymlにMLflowの実験管理のID（run_id）を書いておくことで、推論コードと分析バイナリの対応付けを管理します。

(2) 推論コードを実装する

インタフェースの設計に従って、Step1で作成したモデルを使って推論処理を行うプログラムをPythonで実装します。この推論処理プログラムのソースコードをpredict.pyという名前で作成します。バッチプログラムとリアルタイムのいずれでも利用できるPredictorクラスは、pandasのDataFrameをインタフェースとして実装していて、バッチ用のBatchProcessorは単純にCSVファイルを読み込んでPredictorを実行する内容となっています。

```
#!/usr/bin/env python3
# predict.py

import logging
import os
import pickle
import sys
import pandas as pd


class Predictor(object):
    def __init__(self):
        model_path = os.path.abspath(os.path.join("model", "model.pickle"))
        with open(model_path, "rb") as f:
            self.model = pickle.load(f)
```

```
    def predict(self, features: pd.DataFrame) -> pd.DataFrame:
        prediction = self.model.predict(features)
        return pd.DataFrame(prediction, columns=["MEDV"])

class BatchProcessor:
    def __init__(self, predictor):
        self.predictor = predictor

    def run(self, root_path):
        input_file = os.path.join(root_path, "input.csv")
        output_file = os.path.join(root_path, "output.csv")

        if not os.path.exists(input_file):
            logging.error("Input file '%s' does not exist."
                          "aborted."%input_file)
            sys.exit(1)

        if os.path.exists(output_file):
            logging.error("Output file '%s' exists already." "aborted."%output_file)
            sys.exit(2)

        try:
            input_df = pd.read_csv(input_file)
            logging.info("Run 'predict'.")
            prediction = self.predictor.predict(input_df)
            prediction.to_csv(output_file, index=False)
        except Exception as err:
            logging.error(err)
            sys.exit(3)

if __name__ == "__main__":
    DATA_ROOT_PATH = os.path.abspath("data")
```

```
logging_level = os.environ.get("LOGGING_LEVEL", "INFO")
if logging_level:
    logging_level = logging_level.upper()
    if logging_level in ("DEBUG", "INFO", "WARN", "ERROR", "CRITICAL"):
        logging_level = getattr(logging, logging_level)
        logging.basicConfig(level = logging_level)

predictor = Predictor()
process = BatchProcessor(predictor)
process.run(DATA_ROOT_PATH)
```


(3) GitLabにソースコードを登録する

GitLabにソースコードを登録します。手元のソースコードを書いたディレクトリをgitコマンドで管理するようにした後に、GitLabのプロジェクトと関連付けて登録（push）します。

事前にGitLab側では以下の作業を行っていますが、ここでは割愛します。

- mlopsのモデルを管理するグループを作成（例：mlops-testなど）
- グループに対してgitlab-ci-runnerを登録
- 作成したグループの配下に、モデルを管理するプロジェクトを作成（ここではboston-servingという名前で作成）

(4) GitLab-CIを利用してコンテナを作成する

先ほどGitLabに登録したソースコードを用いて、コンテナのイメージを作成するように設定します。そのためには、推論コードを作成したディレクトリに、コンテナの作成手順を示したDockerfileと、そのDockerfileを実行してコンテナを作成するようGitLabに指示する.gitlab-ci.ymlの2つのファイルを追加作成します。

Dockerfileでは、Pythonの依存ライブラリなどをインストールしたのちに、推論のソースコードや分析モデルのpickleファイルをコピーする一般的な手順を記載しておきます。この時点で分析モデルのpickleファイルは登録されていませんが、後で説明する.gitlab-ci.ymlファイルに記載した手順でダウンロードされたものを利用します。

```
FROM python
COPY requirements.txt /
RUN pip3 install -r requirements.txt
COPY predict.py /
COPY model/model.pickle /model/model.pickle
CMD python3 /predict.py
```

.gitlab-ci.yml は GitLab から GitLab-CI の機能を呼び出すために必要な定義ファイルです。git で管理されているソースコードのリポジトリにこのファイルが含まれる場合には、GitLab に変更が登録されたタイミングで、コンテナをビルドする処理が実行されるようになります。

.gitlab-ci.yml には、利用する分析モデルを実行した際の MLflow の実験 ID（run_id）を調べて書いておきます。また、それを用いて、MLflow から分析モデルの pickle ファイルをダウンロードし、特定のファイルに配置するコードも書いておきます。Step1 では、pickle ファイルを "results/model.pickle" として保存するようにしたので、そのファイルパスを書いておきます。

```
image: python-build

variables:
  # MLFLOWのURLを指定。Docker環境の場合、
  # DNSの名前解決が複雑なのでIPアドレスにしておくのが良い
  MLFLOW_TRACKING_URI: http://mlops-test-vm:5000
  MLFLOW_RUN_ID: a870cdf76dc446f59808ef963849262b

before_script:
- docker login -u $CI_REGISTRY_USER -p $CI_REGISTRY_PASSWORD $CI_REGISTRY
- mkdir -p model
- export MODEL_PATH=`mlflow artifacts download -a results/model.pickle -r $MLFLOW_RUN_ID`
- echo $MODEL_PATH
- cp $MODEL_PATH model/

build:
  stage: build
  tags:
```

```
    - docker
  script:
    - docker build --tag $CI_REGISTRY_IMAGE:$CI_COMMIT_SHA --tag $CI_REGISTRY_IMAGE:latest .
    - docker push $CI_REGISTRY_IMAGE:$CI_COMMIT_SHA
    - docker push $CI_REGISTRY_IMAGE:latest
```

ファイル追加後のディレクトリは次のような構成となります。

図 5.32 出来上がったディレクトリ

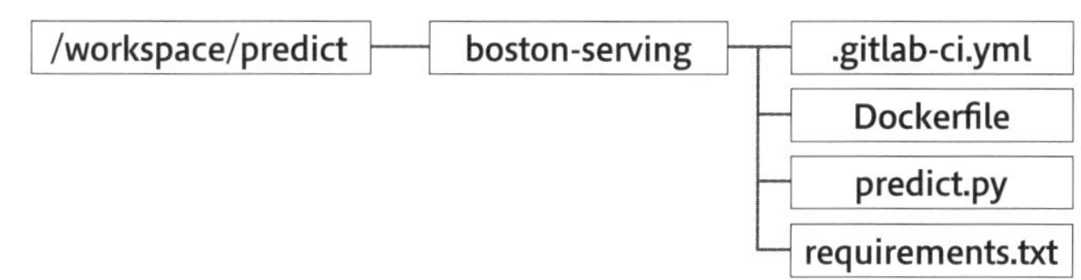

追加したファイルをgitコマンドで手元の環境にコミットし、次にその内容をGitLabのサーバにpushします。その後、Webブラウザから GitLabプロジェクトの管理ページにアクセスし、プロジェクトの「CI/CD」の状況を示すページにアクセスします。CI/CDの処理が自動的に実行され、「build」というジョブが実行されているのを確認できます（**図 5.33**）。

図 5.33 「build」ジョブの実行

しばらくすると、ビルドが正常に終了します。ビルドのログを見ると、Step1で登録した分析モデルのpickleファイルをダウンロードして、それを利用して分析モデルのコンテナを作成していることが分かります（**図 5.34**）。

図 5.34　分析モデルのコンテナ作成

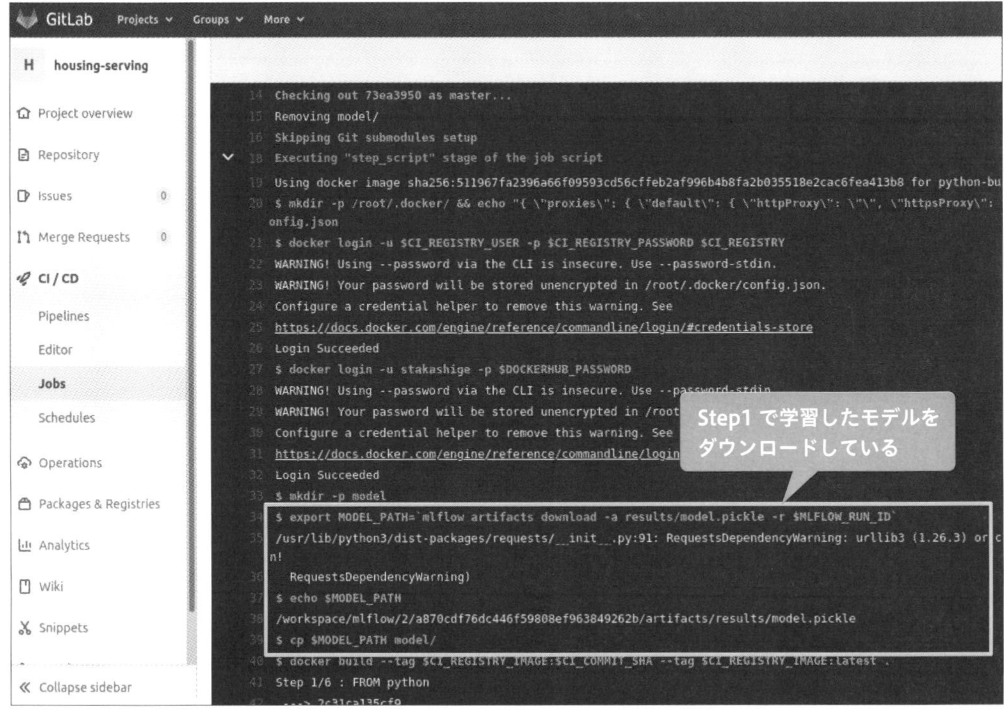

同じプロジェクトの「Container Registry」のページを確認すると、新しく Docker のイメージが追加されていることを確認できます（**図 5.35**）。

図 5.35　Docker イメージの追加

分析モデルを再学習したり、別のアルゴリズムに変更したりした場合、Step1の方法で別のモデルをMLflowに登録した後に、その実験ID（run_id）を.gitlab-ci.ymlに上書きします。そのファイルをコミットすると、新しい分析モデルの実行コンテナが自動的に作成されます。コンテナ名には、ビルドに固有のハッシュ値をタグとしてつけているので、どの時点のモデルを利用するかは、このハッシュ値を参照して決定します。

(5) 検証環境の推論処理を実装する

作成した分析モデルのコンテナを呼び出すサンプル業務システムのバッチプログラムを作成します。Airflowの処理フローは“$AIRFLOW_HOME/dags”にソースコードの形式で定義します。

```
from datetime import timedelta, datetime
import os, uuid, json, logging
import pandas as pd
from airflow import DAG
from airflow.utils.dates import days_ago
from airflow.operators.python_operator import PythonOperatorrom airflow.providers.
docker.operators.docker import DockerOperator

default_args = {
    'owner': 'airflow', 'depends_on_past':  False,
    'start_date': days_ago(2), 'email': ['hitachi.taro@nodomain'],
    'email_on_failure': False, 'email_on_retry': False,
    'retries': 1,  'retry_delay': timedelta(seconds=30),}

def preprocess(**context):    # トランザクション毎の初期化
    directory = "/home/ubuntu/data/%s"%str(uuid.uuid4())
    os.makedirs(directory)
    return directory

def load_input(**context):    # JSONファイルを読み込んで、CSVファイルに変換する
    ti   = context["ti"]
    data_path   = ti.xcom_pull("preprocess")
    input_path  = "/home/ubuntu/data/input.json"
```

```
    output_path = os.path.join(data_path, "input.csv")

    try:
        with open(input_path, "r") as f:
            json_data = json.load(f)

        if not isinstance(json_data, list) or \
any([not isinstance(i, dict) for i in json_data]):
            raise ValueError("読み込んだデータ形式が不正です")

        df = pd.DataFrame.from_dict(json_data)
        df.to_csv(output_path, index=False)

    except Exception as err:
        logging.error(str(err))
        raise

def store_output(**context):
    ti  = context["ti"]
    # <省略>: ファイルを出力

docker_op_template_fields = ["volumes"]
docker_op_template_fields.extend(DockerOperator.template_fields)
DockerOperator.template_fields = tuple(docker_op_template_fields)

with DAG(
      'housing-predict',
      default_args      = default_args,
      description       = 'ボストン住宅価格予測のサンプルジョブ',
      schedule_interval = timedelta(hours=1),
      catchup           = False) as dag:

    t_1 = PythonOperator(task_id='preprocess',
```

```
python_callable=preprocess, provide_context=True, dag=dag)
    t_2 = PythonOperator(task_id='load_input', provide_context = True,
python_callable = load_input, dag=dag)

    t_3 = DockerOperator(   # 分析モデルのコンテナを呼び出して推論を実施する
       task_id       = 'predict', docker_conn_id = "docker_gitlab",
       image         = "mlops-test-vm:5050/mlops-test/housing-serving:latest",
       api_version   = 'auto', auto_remove  = True, docker_url   = "unix://var/run/
docker.sock",
       network_mode = "bridge", volumes      = ["{{task_instance.xcom_
pull('preprocess')}}:/data"],
       environment  = {"LOGGING_LEVEL": "INFO"}, force_pull   = True, do_xcom_push =
False, dag=dag)

    t_4 = PythonOperator(task_id='store_output', provide_context=True, python_
callable=store_output, dag=dag)

    t_1 >> t_2 >> t_3 >> t_4
```

（なお、“$AIRFLOW_HOME”は実行環境により異なりますので、実行環境での値を確認してください）

```
from datetime import timedelta, datetime
import os, uuid, json, logging
import pandas as pd
from airflow import DAG
from airflow.utils.dates import days_ago
from airflow.operators.python_operator import PythonOperator
from airflow.providers.docker.operators.docker import DockerOperator

default_args = {
    'owner': 'airflow', 'depends_on_past':  False,
    'start_date': days_ago(2), 'email': ['hitachi.taro@nodomain'],
```

```
    'email_on_failure': False, 'email_on_retry': False,
    'retries': 1,  'retry_delay': timedelta(seconds=30),}

def preprocess(**context):    # トランザクション毎の初期化
    directory = "/home/ubuntu/data/%s"%str(uuid.uuid4())
    os.makedirs(directory)
    return directory

def load_input(**context):    # JSONファイルを読み込んで、CSVファイルに変換する
    ti   = context["ti"]
    data_path   = ti.xcom_pull("preprocess")
    input_path  = "/home/ubuntu/data/input.json"
    output_path = os.path.join(data_path, "input.csv")

    try:
        with open(input_path, "r") as f:
            json_data = json.load(f)

        if not isinstance(json_data, list) or \
any([not isinstance(i, dict) for i in json_data]):
            raise ValueError("読み込んだデータ形式が不正です")

        df = pd.DataFrame.from_dict(json_data)
        df.to_csv(output_path, index=False)

    except Exception as err:
        logging.error(str(err))
        raise

def store_output(**context):
    ti  = context["ti"]
    # <省略>: ファイルを出力
```

```
docker_op_template_fields = ["volumes"]
docker_op_template_fields.extend(DockerOperator.template_fields)
DockerOperator.template_fields = tuple(docker_op_template_fields)

with DAG(
      'housing-predict',
      default_args      = default_args,
      description       = 'ボストン住宅価格予測のサンプルジョブ',
      schedule_interval = timedelta(hours=1),
      catchup           = False) as dag:

    t_1 = PythonOperator(task_id='preprocess', 
python_callable=preprocess, provide_context=True, dag=dag)
    t_2 = PythonOperator(task_id='load_input', provide_context = True, 
python_callable = load_input, dag=dag)

    t_3 = DockerOperator(   # 分析モデルのコンテナを呼び出して推論を実施する
       task_id       = 'predict', docker_conn_id = "docker_gitlab",
       image         = "GitLabで作成したモデルコンテナのURL",
       api_version  = 'auto', auto_remove  = True, docker_url   = "unix://var/run/
docker.sock",
       network_mode = "bridge", volumes      = ["{{task_instance.xcom_
pull('preprocess')}}:/data"],
       environment  = {"LOGGING_LEVEL": "INFO"}, force_pull   = True, do_xcom_push = 
False, dag=dag)

    t_4 = PythonOperator(task_id='store_output', provide_context=True, python_
callable=store_output, dag=dag)

    t_1 >> t_2 >> t_3 >> t_4
```

ソースコード中に "GitLab で作成したモデルコンテナの URL" を指定する行があります。ここには「(4) GitLab-CI を利用してコンテナを作成する」で作成したコンテナの URL をコピーして貼り付けます。

このフローでは、GitLab で作成し登録したモデルが、業務システムから呼び出される際にダウンロードされ、最新のモデルに更新されます。ソースコードを保存すると、その変更は即時に Airflow のバッチ定義に反映されます（**図 5.36**）。

図 5.36 Apache Airflow でのジョブ一覧画面

登録されたバッチ処理はデフォルトでは有効になっていないので、左端のトグルボタンをオンにして、バッチ処理を有効にします。

(6) 検証環境のデータを準備する

検証環境のデータを準備します。今回は、Airflow が "/home/ubuntu/data/input.json" を利用して処理するように取り決めています。このファイルを Airflow が処理して "/home/ubuntu/data/< 処理ごとに生成される一意な ID>/output.csv" に結果を出力します。

基本的には boston.csv の内容を JSON フォーマットに変換したものが入力のフォーマットになります。例えば、/home/ubuntu/data/input.json は次のようになります。

```
[
  {
    "CRIM": "0.00632", "ZN": "18",    "INDUS": "2.31",    "CHAS": "0",
    "NOX": "0.538",    "RM": "6.575", "AGE": "65.2",      "DIS": "4.09",
    "RAD": "1",        "TAX": "296",  "PTRATIO": "15.3",  "B": "396.9",
    "LSTAT": "4.98"
```

```
  },
  {
    "CRIM": "0.02731",  "ZN": "0",     "INDUS": "7.07",    "CHAS": "0",
    "NOX": "0.469",     "RM": "6.421", "AGE": "78.9",      "DIS": "4.9671",
    "RAD": "2",         "TAX": "242",  "PTRATIO": "17.8",  "B": "396.9",
    "LSTAT": "9.14"
  },
]
```

(7) 検証環境の推論処理を実行する

DAGを選択すると、その処理フローの流れと、それぞれの過去の実行履歴での結果を参照することができます。処理が失敗すると、赤や黄色のアイコンで表示されるので、どの処理が失敗したかを確認し、その処理のログを参照してエラーの分析をすることができます（**図5.37**）。

図 5.37 Apache Airflowでのジョブの実行状況の確認

図5.37左下のフロー処理の流れのうち、"predict"の行に表示された緑の四角をクリックし、表示される画面から「Log」というボタンをクリックすることで、**図5.38**のようにログが表示されます。

正常に終了した場合のログを確認すると、「(4) GitLab-CIを利用してコンテナを作成する」の手順で作成したコンテナがダウンロードされ、JSON変換されたCSVを対象にAirflowが推論処理を実行していることが確認できます。

図 5.38　ジョブの実行結果の確認

以上で、学習した分析モデルをシステムに取り込み、そのモデルを検証環境に取り込む手順を自動化できました。一度こういった手順を確立しておけば、今後、分析モデルを更新した場合は、.gitlab-ci.yml の内容を書き換えてコミットするだけで、自動的に検証ができるようになります。

本番環境に移行する場合も、ほとんど同じ手順でコンテナを更新して、システムから最新のコンテナのイメージを取得することができるでしょう。検証環境で利用するコンテナ、本番環境で利用するコンテナを特定するためのタグなどを決めておき、そのタグ名のイメージを作成したら更新される、といった運用が考えられます。

データセットシフトが発生して、モデルを再度更新することになった場合も、そのモデルをシステムに取り込む手順は確立されているので、エンジニアリングの煩わしい設計を毎回することなく、データサイエンスの内容に集中することができるようになるのではないでしょうか。

実際に分析モデルを運用する現場では、データセットシフトが起こっていないか継続的に確認する仕組みなども必要になってきます。そういったことも含めて自動化を進めていくことが必要になってきた場合には、こういった OSS をベースにした環境に機能を追加したり、All-in-One で機能を提供している基盤の利用を検討したり、段階的にシステムを拡張していくことができるでしょう。

その時も、漫然と基盤を導入するのではなく、MLOps のどの段階のどの範囲の手順を自動化するのか、そのために最低限必要な自動化機能は何かを常に考えながら、少しずつ MLOps の考え方を導入していくということが重要になります。

データサイエンティストの未来

6.1 データサイエンティストが不要になる時代が来る！？

今後、さまざまな分析技術・ツールが発展していくことで、プロのデータサイエンティストではなくても、一般の人々がデータ分析ができる時代がきて、いわゆる「市民データサイエンティスト」が増加すると言われています。その一例として、機械学習による分析作業を自動化してくれる「AutoML」と呼ばれる分析自動化ツールが出始めてきています。

現時点での代表的なAutoMLツールには**表6.1**のようなものがあります。これらのツールを使えば、データ加工やデータ分析・モデリングステップの大幅な効率化が図れます。

表6.1　代表的なAutoMLツール

#	分類	ツール名	参考URL
1	有償ツール	DataRobot	https://www.datarobot.com/jp/
2		Amazon SageMaker	https://aws.amazon.com/jp/sagemaker/
3		Microsoft Azure Machine Learning	https://azure.microsoft.com/ja-jp/services/machine-learning/
4		Google Cloud AutoML	https://cloud.google.com/automl?hl=ja
5	OSS	PyCaret	https://pycaret.org/

このまま分析自動化ツールが進展すれば、プロのデータサイエンティストは不要になるのでしょうか？　いや、むしろこれから必要性が高まっていくものと筆者は考えています。それは次の理由によります。

- データサイエンスプロジェクトの最初のステップである業務課題および分析目的の設定、さらに分析方針は人間が設計する必要があります。ここは機械に置き換えられません。
- AutoMLツールにデータ分析・モデリングを任せたとしても思ったような精度が出ない場合があります。その際は、AutoMLツールによる分析内容を理解し、それに応じた対策を検討・実施する必要があります。
- AutoMLツールによる分析結果を業務視点で解釈し、業務の改善方法を検討していく必要があります。

ただしAutoMLツールにより一部の作業は自動化されるため、データサイエンティストの作業効率は大きく向上します。そのため、データサイエンティストが重視すべきポイントが変わってくる可能性があります。

COLUMN

データサイエンティストの今後

機械学習やAIはこれまで、ブームとともに繁栄と衰退を繰り返してきました。しかし今回は過去に比べると流行が長期化しています。このままブームとして終わるのではなく、分析技術は生活の中に当たり前に浸透していくと考えています。仮にブームでなくなったとしても、現在確立されている分析技術は確かなもので、なくなったりはしないでしょう。ただしデータサイエンティストがどういう形で存続するかは予想が難しい面があります。
著者の勝手な予想では、現在の状態があと10年は続くのではないかと考えています。なぜなら分析技術はまだ成長過程にあり、それを研究して使いこなすデータサイエンティストという専門家集団が必要とされるからです。
ですが、10年もすればある程度成熟し、大半の分析作業は自動化されると思われます。それでも「業務課題の設定」や「分析方針の設計」については自動化することが困難なので、その領域でのデータサイエンティストは残り続けるはずです。さまざまな分野のコンサルタント業務がなくならないことと同じです。

6.2 データサイエンティストとして今後重要になるポイント

本書の冒頭部では、データサイエンティストをタイプ別に示しました。AutoMLツールの発展・普及により、それぞれのタイプで何が変化するのか、どこが重要になるかを示します（**表6.2**）。

表6.2 タイプ別の今後の変化

#	タイプ	今後の変化
1	プロジェクトマネージャータイプ	データ分析作業が効率化されるため、従来と比べて作業内容やスケジュールの考え方が変わってきます。
2	デジタルビジネスコンサルタイプ	AutoMLツールが発展しても実施する内容はほとんど変わりません。
3	ドメイン特化型コンサルタイプ	同上。
4	ソリューション特化型分析アーキテクトタイプ	ソリューションの中のデータ加工やデータ分析作業の効率化が図れるため、プロジェクト対応期間の短縮、対応人数の削減などができます。
5	ドメイン特化型分析アーキテクトタイプ	データ加工やデータ分析作業の大半は自動化されるため、AutoMLツールへどうデータをインプットするのか、また出力された結果をどう解釈するのか、求められる精度が出ていなかった場合にどうチューニングするのか、といった部分にフォーカスできます。
6	非定型データ分析アーキテクトタイプ	同上。
7	分析作業者タイプ	AutoMLツールで分析作業の大半が自動化されていきます。他のスキルも強化していった方が良いでしょう。
8	分析プロト開発者タイプ	AutoMLツールが発展しても実施する内容はほとんど変わりません（AutoMLツールというより、システム構築ツールやクラウドの発展に影響を受けるでしょう）。
9	分析システムアーキテクトタイプ	同上。
10	分析システム開発者タイプ	同上。

6.3 学び続けることの大切さ・楽しさ

分析技術・ツールは発展していきますが、データに直接触って分析を行えるデータサイエンティストとして、最前線でやっていきたいと思っている人も多いのではないかと思います。それをなし得るポイントは2つあります。

1つめは「学び続けること」ができるかどうかです。

社会人になると学ぶことが不要になると思っている方をときどき見かけます。学生時代と異なり、学ぶことは強要されません。また仕事をしていることが、仕事に必要なスキルの修得にもなるので、仕事とは別に特別に学ぶことをしなくても良いようにも思えます。

例えばスポーツに置き換えて考えてみましょう。テニスに必要な最低限の筋力は、テニスの練習や試合でも身につけることができるでしょう。しかし、それ以外の練習やトレーニングが不要かというと、そうではありません。試合終盤でのピンチのときや体勢を崩された時の対応力は、それを想定した練習や筋トレをしているかどうかで大きく異なります。当然、闇雲にとりあえず練習量を多くしたり、筋トレをしたりすればいいわけではなく、目的にあった練習や筋トレが必要です。

このことは仕事でも同じです。仕事は仕事で必要ですが、それだけではなかなか身に付かないスキルもあり、仕事外で学ぶことが効率的な場合もあります。例えば、分析設計や特徴量生成などの作業は経験値が重要であり、異なるテーマに多くチャレンジすることで知見を溜められます。しかし仕事でデータサイエンスプロジェクトを担当する場合、一度に担当できるプロジェクトは多くても3件程度です。1件が3ヶ月スパンとすると、1年間で最大でも12件程度にすぎません。これだけをやっていた人と、これに加えてKaggle[*1]などでコンペに参加したり、趣味で分析をしたりしている人では、数年後にどれほどの差がつくでしょうか。

2つめは、「データサイエンスに興味を持っているか」です。

データサイエンスに対して面白いと思うか思わないか、興味を持てるか持てないかで、学習効率は大きく異なります。これは完全に個人に依存しますが、興味を持てる人であれば、年齢に関係なくデータサイエンティストとしてやり続けることができます。他の仕事でも同じですが、興味を持っている分野では人は能力を発揮できます。流行りだからとかではなく、興味があるからやっているのであれば、自信をもってやっていって良いと思います。これがあれば、1つめの「学び続ける」ことも、苦痛より、むしろ楽しみになるはずです。

*1 世界中のデータサイエンティストが集まるコミュニティで、世界最大の機械学習・データ分析のCompetetion（コンペ）を主催するプラットフォームです。https://www.kaggle.com/

COLUMN

分析コンペは仕事に役立つ？

たまに SNS（Social Networking Service）などで議論になっているテーマですが、我々は分析コンペは仕事にも「役に立つ」と考えています。主な理由は以下の 3 つです。

1. **スキルアップに役立つ**
2. **自身の分析スキルの程度を客観的に測れる**
3. **問題に直面してから解決までの時間が早くなる**

1 つめはスキルアップに役に立ちます。例えば書籍や Web サイトを見ると、サンプルデータを使って、欠損値補間や、不均衡データでのアンダーサンプリング、複数アルゴリズムを試したモデリングをしているものなどを見かけます。しかし、正解率や AUC を向上させるためにこれらは必須ではありません。というのも勾配ブースティング（LightGBM など）は、欠損値補間をしなくても動きます。むしろ人が補間した方が精度が低下することさえありえます。不均衡データに関しても不均衡だから割合を調整するという考えでは精度の低下しか起こさない可能性があります。アルゴリズムに関しても勾配ブースティング一択でいいほどです。
分析コンペの上位者であればこういった内容は常識です。しかも分析コンペ上位者は、それでも欠損値補間やアンダーサンプリング、他アルゴリズムを利用した方が高い精度を得られることがあることも実体験として知っています。このように、どういった場合に何の手法を適用すれば精度・効率を上げられるのか自ら実験を重ねられる機会は貴重で参考になるものです。
2 つめは、Kaggle などのコンペにはランキング制度があり、自身の分析スキルを客観的に測れることです。仕事でデータサイエンスプロジェクトにのみ対応している場合、同じテーマを複数人で同時に対応することはなく、タスクを割り振って分担するのが一般的です。こうなると、ある程度の精度しか出なかったときに、データの特性として仕方ないのか、それとも分析者のスキル不足なのかを知ることが難しい状況になります。分析コンペをやっていれば順位・称号によって、その人の大体のスキルレベルが分かります。これは自身にとっても、チームメンバーにとっても有益です。
3 つめは、問題をこなすことでやり方が馴染んで対応が早くなります。まず CV（Cross Validation、交差検証）戦略を立てるとか、EDA（Exploratory Data Analysis、探索的データ分析）はそこそこにしてベースラインを構築するなどの対応です。精度改善策についても、リストアップとその優先順位付けが正確になるなど、問題をこなすことによってスキルが身に付いていきます。データサイエンスプロジェクトに 3 件対応したとして、並行して分析コンペに参加すれば、さらに＋ 1 のスキルが身に付きます。やる・やらないの 2 択であれば、やらない理由はありません。しかも、ディスカッションでは他の参加者の手法も共有されます。それを追うだけでも学習になります。

あとがき

本書では、データサイエンスプロジェクトの基本的な進め方から、予兆検知や画像解析、テキスト解析など分野別での進め方、さらにはMLOpsを活用した分析モデルを含むシステムの構築・運用方法までご紹介しました。

本書を執筆した背景ですが、2012年に日立製作所の中でデータサイエンスチームを正式に発足してから約10年の節目として、これまで蓄積したノウハウを一つの形に纏め、社内外のみなさまと広く共有したいと考えました。

当時、米国の『ハーバード・ビジネス・レビュー』誌2012年10月号においては、

データサイエンティストは「21世紀で最もセクシーな職業」である。

と表現されていましたが、社内では非常に小さな組織として始まったばかりで、まだまだ黎明期といった状態でした。しかしながら我々は、「データサイエンスで社会課題や企業課題を解決し、価値を提供したい」という強い意志のもと、日々勉強しながら多数のお客さまと協創活動を繰り返してきました。

データサイエンスは、業務を劇的に変革できるチャレンジングで、かつエキサイティングな分野です。これまでお客さまの中では何十年もわからなかったことが、データ分析の結果から見えてきて、お客さまの売上拡大やコスト削減に貢献したりするなど、価値に繋がった事例をいくつも生み出すことが出来ました。一方で、プロジェクトの途中で、お客さまの業務部門やIT部門との間で評価軸がずれてしまって作業をやり直したり、思ったほど精度が出ずに何度も試行錯誤してもうまく行かなかったりと、価値に繋がらない事例もありました。10年も経つと組織の中にいろいろな知見が蓄積され、成功事例の割合は増えていますが、同じような悩みを持たれている方は多いのではないかと思います。そこで少しでもデータサイエンスプロジェクトの成功事例を増やすべく、これまでの経験の中からわかった、必ず身に着けておくべきポイントや気を付けるべきポイントについてご紹介させて頂こうと考えました。本書ではかなり基礎的な内容に留めていますが、読者の方々のプロジェクト推進にお役に立てば幸いです。

これまで多数のデータサイエンスプロジェクトに参加し、さまざまなスキルを持った方々とコラボレーションさせて頂きました。お世話になりましたお客さま、パートナーのみなさま、および日立製作所、日立グループの関係者のみなさまにはこの場を借りて感謝申し上げます。

2021年6月

執筆者代表　吉田 順

参考文献・URL

第 1 章　データサイエンスの現場

- 株式会社日立製作所 Lumada Data Science Lab.
  https://www.hitachi.co.jp/products/it/lumada/about/ai/ldsl/index.html
- 一般社団法人 データサイエンティスト協会 データサイエンティストのミッション、スキルセット、定義、スキルレベルを発表
  https://prtimes.jp/main/html/rd/p/000000005.000007312.html

第 2 章　データサイエンティストになるには

- Python
  https://www.python.org/
- R
  https://cran.r-project.org/

第 3 章　データサイエンスプロジェクトの進め方

- CRISP-DM
  https://en.wikipedia.org/wiki/Cross-industry_standard_process_for_data_mining
- 日立 Lumada ユースケース
  http://www.hitachi.co.jp/products/it/lumada/usecase/index.html
- 日立 パーソナルデータの利活用における日立のプライバシー保護の取り組み
  https://www.hitachi.co.jp/products/it/bigdata/bigdata_ai/personaldata_privacy/personaldata_privacy.pdf
- 社会イノベーション事業に AI を活用するための日立の AI 倫理への取り組み
  https://www.hitachi.co.jp/products/it/lumada/about/ai/ldsl/document/ai_whitepeper01.pdf

第 4 章　分野別に学ぶデータサイエンス

共通

- Anaconda
  https://www.anaconda.com/products/individual
- JupyterLab
  https://jupyterlab.readthedocs.io/en/stable/
- TensorFlow
  https://www.tensorflow.org/?hl=ja
- Keras
  https://keras.io/ja/

数値解析（予兆検知）

- 「データマイニングによる異常検知」、山西 健司（著）、共立出版
- 「異常検知と変化検知（機械学習プロフェッショナルシリーズ）」、井手剛（著）、杉山将（著）、講談社

数値解析（要因解析）

- bnlearn 公式サイト：https://erdogant.github.io/bnlearn/pages/html/index.html
- Radhakrishnan Nagarajan, Marco Scutari, Sophie Lèbre.(2013).
  Bayesian Networks in R　with Applications in Systems Biology. Springer

数理最適化（生産計画最適化）

- 「最適化の手法」、茨木俊秀、福島雅夫（著）、共立出版
- Pythonによる数理最適化入門、久保幹雄、並木誠（著）、朝倉書店

第5章　データサイエンスの現場適用とは

- Sculley, D., Holt, G., Golovin, D., Davydov, E., Phillips, T., Ebner, D., Chaudhary, V., Young, M., Crespo, J.-F. & Dennison, D. (2015). Hidden Technical Debt in Machine Learning Systems. 28th International Conference on Neural Information Processing Systems (NIPS) (p./pp. 2503--2511),.
- Baylor, D., Breck, E., Cheng, H.-T., Fiedel, N., Foo, C. Y., Haque, Z., Haykal, S., Ispir, M., Jain, V., Koc, L., Koo, C. Y., Lew, L., Mewald, C., Modi, A. N., Polyzotis, N., Ramesh, S., Roy, S., Whang, S. E., Wicke, M., Wilkiewicz, J., Zhang, X. & Zinkevich, M. (2017). TFX: A TensorFlow-Based Production-Scale Machine Learning Platform. Proceedings of the 23rd ACM SIGKDD International Conference on Knowledge Discovery and Data Mining (p./pp. 1387--1395), New York, NY, USA: ACM. ISBN: 978-1-4503-4887-4
- Moreno-Torres, J.G., Raeder, T., Alaiz-Rodríguez, R., Chawla, N.V., Herrera, F.: A unifying view on dataset shift in classification. Pattern Recognition 45(1), 521–530 (2012)
- ボストン市場価格データセットを用いた回帰問題
  - Boston housing prices：http://lib.stat.cmu.edu/datasets/boston
- Kedro:
  - 公式サイト：https://github.com/quantumblacklabs/kedro
  - ドキュメント：https://kedro.readthedocs.io/en/stable/
- MLflow:
  - 公式サイト：https://mlflow.org/
  - チュートリアル：https://www.mlflow.org/docs/latest/tutorials-and-examples/tutorial.html
- Optuna:
  - https://www.preferred.jp/ja/projects/optuna/
  - https://github.com/optuna/optuna
  - Optunaの拡張機能 LightGBM Tunerによるハイパーパラメータ自動最適化 | Preferred Networks Research & Development: https://tech.preferred.jp/ja/blog/hyperparameter-tuning-with-optuna-integration-lightgbm-tuner/
- Apache Airflow:
  - 公式サイト：https://airflow.apache.org/

索引

数字・記号

.gitlab-ci.yml …… 215
0 埋め …… 131

A

Accuracy …… 117, 135
Anaconda …… 62
Anaconda Navigator …… 62
Apache Airflow …… 210
ARIMA …… 50
AUC …… 56, 97
AutoML …… 228

B

BERT …… 122
BI ツール …… 23
bnlearn …… 64, 91
Boston housing prices …… 187
Business Understanding …… 30

C

CD …… 182
CI …… 182
CI/CD パイプライン …… 179
CNN …… 102, 104
confusion_matrix …… 140
Confusion Matrix …… 55
CPT …… 88
create_model() 関数 …… 132
CRISP-DM …… 30
CT …… 182
CV …… 54

D

Data Preparation …… 30
Data Understanding …… 30
Deep Learning …… 50, 102
Deployment …… 30
Dockerfile …… 215
Docker コンテナ …… 190

E

Epoch 数 …… 116
Evaluation …… 30

F

FPR …… 56

G

GItLab …… 209
GitLab-CI …… 210
GMM …… 73

H

head() 関数 …… 125
hold-out 検証 …… 68

I

ImageNet データベース …… 106
InceptionResNetV2 …… 106

J

JupyterLab …… 63

K

K- 分割交差検証 …… 54
Kaggle …… 231
Kedro …… 190, 191
Keras …… 106

L

LightGBM …… 67
lightgbm（ライブラリ） …… 64
Loss 関数 …… 104, 116
LP …… 145

M

MAE …… 53
matplotlib …… 64, 67, 76
mecab-python-windows …… 64
Mlflow …… 190
MLflow …… 198
MLOps …… 177
Modeling …… 30
MSE …… 53

N

numpy …… 64

O

Optuna …… 191, 197

P

pandas …… 64, 79, 91
pickle ファイル …… 206
pip …… 64
PuLP …… 148
pulp（ライブラリ） …… 64
Python …… 23, 62

R

R 23
RMSE …… 53, 206
ROC 曲線 …… 56

S

scikit-learn …… 64, 67, 76
seaborn …… 64, 67, 141
SVM …… 50

T

tensorboard …… 64
TensorFlow …… 106
tensorflow（ライブラリ） …… 64
torch …… 64
TPR …… 56
transformers …… 64

W

WBS……34

X

Xception……106

Z

zenhan……64

あ

アノテーション作業……107

い

異常値……45
異常度……81

え

エッジ……88
エッジ推論……170

か

回帰問題……40
回帰問題の評価……53
外部データ……44
過学習……54, 68
学習……167
学習結果の可視化……117
学習の実行……116
学習パイプライン実行環境……190
拡張……112
仮説ドリブン……50
画像認識……50, 102
課題発見力……4
活性化関数……104
関数を定義……109

き

偽陰性……55
機械学習を用いて進めるパターン……40
強化学習……41
教師……40, 103
教師あり学習……40
教師なし学習……40
偽陽性……55
偽陽性率……56
共変量シフト……172
業務課題の設定……33
業務課題の把握……32
業務への適用……59

く

クラスタリング……40, 74
クレンジング……146

け

継続的な学習……182
結果報告力……4
欠損値……45
決定木……50
決定変数……145, 148

こ

交差検証……54
構造学習……89

勾配ブースティング……50
ゴールおよびスコープの設定……34
混合ガウス分布……73
コンシューマ……169
コンセプトシフト……174
コンテナ……190
混同行列……55, 140

さ

サービング……167
最適解……145
作業内容・スケジュール・体制の検討……34
作業分解構成図……34
サポートベクターマシン……50
散布図……25, 72

し

閾値……55
次元削減……40
事前確率シフト……173
実験管理……198
実験記録管理……190
実装……30
シャドウプライス……160
条件付確率テーブル……88
真陰性……55
真陽性……55
真陽性率……56

す

推移図……25
推論……167
推論コード……213
数値解析……50
ストリーミング推論……169
ストリームデータ……169

せ

正解ラベル……40, 47, 103
正解率……135
精度……117
制約条件……148
説明変数……41
線形回帰……50
線形計画法……145
全結合層……104

そ

ソースコード・コンテナイメージ管理……209
ソリューション特化型分析アーキテクトタイプ……9
損失値……104

た

対象業務の設定……32
畳み込み層……104
畳み込みニューラルネットワーク……102
探索的データ分析……181
探索的モデル分析……181

つ

ツリーマップ……25

て

定式化の 3 要素……148

データエンジニアリング……180
データエンジニアリング力……3
データ可視化チートシート……24
データ傾向変化の監視……176
データサイエンスチーム……2
データサイエンス力……3
データサイエンティストとしての心構え……27
データ集計・可視化を中心に進めるパターン……39
データ準備……30
データセットシフト……172
データドリブン……51
データの加工……45, 67
データの水増し……112
データの理解・収集……43
データ分析・モデリング……49
データ理解……30
テーマの設定……37
テキスト解析……122
デジタルビジネスコンサルタイプ……7
転移学習……105

と

統計解析ソフトウェア……23
トークン化……130
特徴度……81
特徴量……41
特徴量エンジニアリング……50
特徴量ストア……180
匿名化……44
ドメイン知識……48
ドメイン特化型コンサルタイプ……8
ドメイン特化型分析アーキテクトタイプ……10

に

二値分類……55

の

ノード……88

は

ハイパーパラメータ……50
ハイパーパラメータチューニング……191, 197
外れ値……45
外れ値検知……41
バッチ推論……168
パディング……131
パレート図……25
汎化性能……54

ひ

ヒートマップ……141
ビジネス理解……30
ビジネス力……3
ヒストグラム……25
非定型データ分析アーキテクトタイプ……11, 12
評価……30

ふ

ブートストラップ……95
プーリング層……104
復元抽出……95
プロジェクトマネージャータイプ……6
プロデューサ……169
プロマネ力……4
分析環境構築……108

分析結果の考察……………………………………………… 52
分析システムアーキテクトタイプ…………………………… 14
分析システム開発者タイプ………………………………… 15
分析設計力………………………………………………4, 4, 4
分析プロト開発者タイプ…………………………………… 13
分析プロト開発力………………………………………………4, 4
分析方針の設計……………………………………………… 39
分析モデル…………………………………………………… 49
　バージョン管理……………………………………………212
　バイナリデータ……………………………………………206
　予測精度の低下……………………………………………171
分類問題……………………………………………………… 40

へ

平均絶対誤差………………………………………………… 53
平均二乗誤差………………………………………………… 53
平均二乗誤差の平方根……………………………………… 53
ベイジアンネットワーク…………………………………… 87
ベクトル化…………………………………………………… 130

め

メッセージキュー…………………………………………… 169

も

目的関数……………………………………………145, 148, 152
目的関数の重み……………………………………………… 157
目的変数……………………………………………………41, 65
モデリング…………………………………………………… 30

ゆ

優先順位……………………………………………………… 37

よ

要因解析……………………………………………………… 87
予算の確保…………………………………………………… 36
予測精度の低下……………………………………………… 171
予測精度の比較……………………………………………… 176
予兆検知……………………………………………………… 73

ら

ラベル………………………………………………40, 47, 103
ランダムフォレスト………………………………………… 50

り

リアルタイム推論…………………………………………… 168
リーク………………………………………………………… 70
隣接行列……………………………………………………… 93

れ

連続変数……………………………………………………… 145

ろ

ロジスティック回帰………………………………………… 50

監修者・執筆者プロフィール

※所属・肩書きは執筆時点のものです。

[監修者]

株式会社日立製作所 Lumada Data Science Lab.（ルマーダ データ サイエンス ラボ）

日立製作所におけるデータサイエンティストのトップ人財として、AI・データアナリティクス分野の研究者や高度なデータサイエンスと技術の業務適用に不可欠なOT(Operational Technology)の深い知見を有するエンジニア・コンサルタントなど約100名を集結し、個々のスキルと知見を生かしてコラボレーションする組織です。データサイエンティストが、柔軟な発想で技術と業務をマッチングし、スピーディに検証することで、より複雑で高度なお客さまの課題にも応えるあらたなサービスや技術を創出しています。
https://www.hitachi.co.jp/products/it/lumada/about/ai/ldsl/index.html

[執筆者]

吉田 順（よしだ　じゅん）

日立製作所 Lumada Data Science Lab. 副ラボ長。1998年、日立製作所入社。Webアプリケーションサーバやパッケージ製品、ビッグデータ処理基盤などの研究開発を経て、2012年にAI/ビッグデータの利活用を支援する「データ・アナリティクス・マイスター・サービス」を立上げ。金融・保険、製造・流通、社会インフラなどさまざまな業種の顧客に対し、多数のデータサイエンスプロジェクトを推進。データ分析組織立ち上げやデータサイエンティスト育成などにも関わる。趣味はレトロなテレビゲームで遊ぶこと。不変の面白さと時代の進化を感じます。

徳永 和朗（とくなが　かずあき）

日立製作所 Lumada Data Science Lab. 担当部長。2001年、日立製作所入社。半導体プロセスエンジニアを経て、2013年より「データ・アナリティクス・マイスター・サービス」推進部署に参画し、さまざまな分野のデータサイエンスプロジェクトを多数経験。また自身のモノづくり現場の経験を生かし、現場へのデータ分析・AI適用が進められるデータサイエンティストの育成にも関わる。趣味は愛車でのドライブ、家庭菜園で季節の野菜を育てること。

佐藤 達広（さとう　たつひろ）

日立製作所 Lumada Data Science Lab. シニア・データサイエンス・エキスパート。1995年、日立製作所へ入社。研究所にて鉄道や水道等の社会インフラの運用最適化に関する数理最適化技術の研究開発に従事。2018年より「データ・アナリティクス・マイスター・サービス」推進部署に参画し、お客さまの現場課題の解決支援から社内の技術力強化・人財育成までデータサイエンスの専門職として幅広く活動している。電気学会上級会員、日本オペレーションズリサーチ学会員、博士（工学）。趣味はジムで汗を流すこと。

諸橋 政幸（もろはし　まさゆき）

日立製作所 Lumada Data Science Lab. データサイエンス・エキスパート。1999年、日立製作所入社。2012年より「データ・アナリティクス・マイスター・サービス」推進部署に参画し、データサイエンティストとして金融・小売など多種多様な分野のデータサイエンスプロジェクトを担当。またデータ分析を趣味としており、プライベートでデータ分析コンペなどに参加している。

鈴木 尚宏（すずき　なおひろ）

日立製作所 Lumada Data Science Lab. 主任技師。2007年、日立製作所入社。リアルタイムデータ処理技術の先行検討などを経て、2012年のAI/ビッグデータの利活用を支援する「データ・アナリティクス・マイスター・サービス」の立上げから参画。マーケティング・メンテナンス領域から、数値・テキスト・画像解析といったさまざまなデータ分析・AI活用プロジェクトに関わる。趣味は漫画と卓球ですが、最近は時間が取れず子どもと遊ぶこと。

内田 貴之（うちだ　たかゆき）

日立製作所Lumada Data Science Lab.研究員。2006年、日立製作所入社。ビッグデータ処理基盤Hadoopと機械学習を用いた異常検知技術と、データマイニングツールKNIMEを用いた分析環境の研究を推進。2021年現在はベイジアンネットワークを用いた設備の異常診断技術などメンテナンスをはじめとする産業系の応用研究に従事。趣味は手品。小学生からやっている。

伊藤 雅博（いとう　まさひろ）

日立製作所 OSSソリューションセンタ 技師。2012年、日立製作所入社。ストレージシステムなどの開発を経て、2016年頃からApache SparkやApache Kafkaなどを活用した大規模データ処理システムの開発に携わる。現在は主にOSSを活用した機械学習システムの導入を推進している。また国内外のイベントにおける登壇や執筆活動を通じて、OSSの技術情報や検証結果など発信している。登壇: ApacheCon、Open Source Summit、オープンソースカンファレンスなど。趣味はサイクリング。

高重 聡一（たかしげ　そういち）

日立製作所 Lumada Data Science Lab. 主任研究員。2003年、日立製作所入社。サーバ仮想化技術、クラウド基盤などの技術開発を経て、現在は機械学習の開発・運用支援技術の研究・開発に従事。OSSソリューションセンタと連携して、技術検証などの情報発信も行っている。趣味は読書。

実践　データ分析の教科書
現場で即戦力になるデータサイエンスの勘所

2021年 8月30日　第1版第1刷発行
2021年 9月30日　第1版第2刷発行
2022年 7月16日　第1版第3刷発行
2024年 5月 1日　第1版第4刷発行

監　　修　株式会社 日立製作所
　　　　　Lumada Data Science Lab.
発 行 人　新関卓哉
企画担当　蒲生達佳
発 行 所　株式会社リックテレコム
　　　　　〒113-0034 東京都文京区湯島 3-7-7
　　　　　振替　00160-0-133646
　　　　　電話　03(3834)8380(代表)
　　　　　URL　https://www.ric.co.jp/

編集・組版・装丁　株式会社トップスタジオ
印刷・製本　シナノ印刷株式会社

● 訂正等

本書の記載内容には万全を期しておりますが、万一誤りや情報内容の変更が生じた場合には、当社ホームページの正誤表サイトに掲載しますので、下記よりご確認ください。

＊正誤表サイトURL

https://www.ric.co.jp/book/errata-list/1

● 本書の内容に関するお問い合わせ

FAXまたは下記のWebサイトにて受け付けます。回答に万全を期すため、電話でのご質問にはお答えできませんのでご了承ください。

・FAX：03-3834-8043

・読者お問い合わせサイト：https://www.ric.co.jp/book/ のページから「書籍内容についてのお問い合わせ」をクリックしてください。

製本には細心の注意を払っておりますが、万一、乱丁・落丁（ページの乱れや抜け）がございましたら、当該書籍をお送りください。送料当社負担にてお取り替え致します。

ISBN978-4-86594-300-9　　Printed in Japan